H. MÜLLER

DIE
KEPLER'SCHEN GESETZE

EINE
NEUE ELEMENTARE ABLEITUNG DERSELBEN
AUS DEM
NEWTON'SCHEN ANZIEHUNGSGESETZE

Elibron Classics
www.elibron.com

Elibron Classics series.

ISBN 0-543-97109-0 (paperback)
ISBN 0-543-97108-2 (hardcover)

This Elibron Classics Replica Edition is an unabridged facsimile of the edition published in 1870 by Friedrich Vieweg und Sohn, Braunschweig.

DIE

KEPLER'SCHEN GESETZE.

Holzstiche
aus dem xylographischen Atelier
von Friedrich Vieweg und Sohn
in Braunschweig.

Papier
aus der mechanischen Papier-Fabrik
der Gebrüder Vieweg zu Wendhausen
bei Braunschweig.

DIE

KEPLER'SCHEN GESETZE.

EINE

NEUE ELEMENTARE ABLEITUNG DERSELBEN

AUS DEM

NEWTON'SCHEN ANZIEHUNGSGESETZE.

VON

DR. H. MÜLLER,
Professor,
Lehrer der Mathematik an dem Gymnasium zu Lahr.

MIT IN DEN TEXT EINGEDRUCKTEN HOLZSTICHEN.

BRAUNSCHWEIG,
DRUCK UND VERLAG VON FRIEDRICH VIEWEG UND SOHN.
1870.

VORWORT.

Die Gesetze der Planetenbewegung oder die Beweise der Kepler'schen Gesetze aus dem allgemeinen Gravitationsgesetze bilden ein Capitel der theoretischen Mechanik, welches gewiss in besonderer Weise das allgemeine Interesse beansprucht. Trotzdem ist dieser Gegenstand aus den elementaren Lehrbüchern der Mechanik verbannt. Das einzige mir bekannte Werk, welches in elementarer Weise dieser Materie eine ausführlichere Besprechung widmet, ist ein astronomisches: „Die Elemente der Mechanik des Himmels, auf neuem Wege ohne Hülfe höherer Rechnung dargestellt von A. F. Möbius. Leipzig 1843." Doch wird in diesem ausgezeichneten Werkchen aus der Gültigkeit der Kepler'schen Gesetze, das Attractionsgesetz geschlossen, während der umgekehrte Weg für die Lehrbücher der Mechanik von grösserem Werthe ist, weil derselbe ein vollständiges Beispiel für die Anwendung der Principien der Mechanik bietet. Der Verfasser glaubt daher keinen ganz unnützen Schritt zu thun, wenn er eine Darstellung des Gegenstandes, so wie er sie als Docent an der Universität Freiburg bei seinen akademischen Vorträgen über Elementarmechanik benutzt hat, der Oeffentlichkeit übergiebt.

Damit aber vorliegendes Schriftchen alles enthält, was zum Verständniss des Gegenstandes nothwendig ist, wurden noch zwei Einleitungen vorausgeschickt, eine geometrische und eine mechanische, welche letztere die ersten Grundsätze der Mechanik entwickelt.

Dies geschah hauptsächlich in der Erwägung, dass die meisten elementaren Lehrbücher über Mechanik den theoretischen Betrachtungen weit weniger Raum widmen, als der Besprechung von Anwendungen.

Lahr, im Mai 1870.

Dr. H. Müller.

INHALT.

Erster Abschnitt.

Geometrische Einleitung.

Zweiter Abschnitt.

Mechanische Einleitung.

Dritter Abschnitt.

Die Centralbewegung nach dem Newton'schen Anziehungsgesetze.

Erster Abschnitt.

Geometrische Einleitung.

Die Ellipse. F und F', Fig. 1, seien zwei gegebene Punkte 1
und AB eine Länge, welche grösser ist als der Abstand der Punkte F und F'. Man kann dann unendlich viele Dreiecke FMF', $FM'F'$, $FM''F' \ldots$ zeichnen, in welchen die Summe der Seiten FM und $F'M$ gleich der gegebenen Länge AB ist. Die Spitzen M, M', M'' dieser Dreiecke bilden dann eine ununterbrochene Reihenfolge von Punkten — eine Curve, die man Ellipse nennt. Die Punkte F und F', welche nicht auf der Ellipse liegen, nennt man Brennpunkte der Ellipse.

Fig. 1.

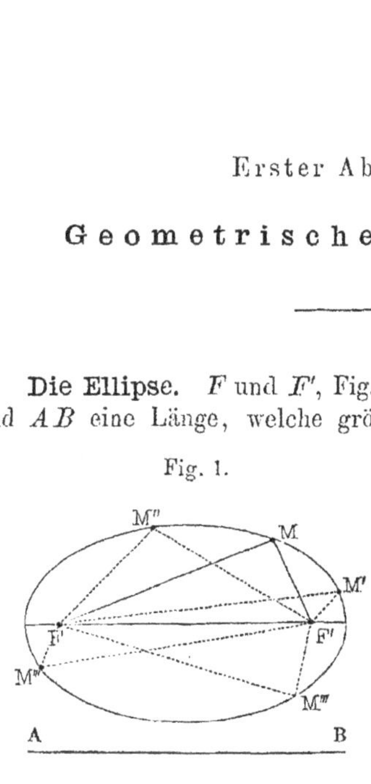

Am schnellsten kann man eine solche Curve dadurch zeichnen, dass man einen Bindfaden zu einer Schleife von dem Umfange $FF' + AB$ knüpft und dieselbe über zwei in F und F' eingesteckte feine Stifte schlingt. Spannt man dann mit einem dritten Stifte in M den Faden an, so dass er die Form eines Dreiecks $FF'M$ annimmt, so befindet sich offenbar die Spitze des dritten Stiftes auf der zu zeichnenden Ellipse und beschreibt dieselbe, wenn man ihn unter fortwährender Spannung des Fadens herumbewegt.

Um die Figur mit dem Zirkel zu zeichnen, muss man eben um F und F' als Mittelpunkte Kreise zeichnen, deren Radien zusammengenommen die Länge AB haben. Die Schnittpunkte je zweier solcher Kreise sind Punkte der Ellipse. Siehe Fig. 2.

Fig. 2.

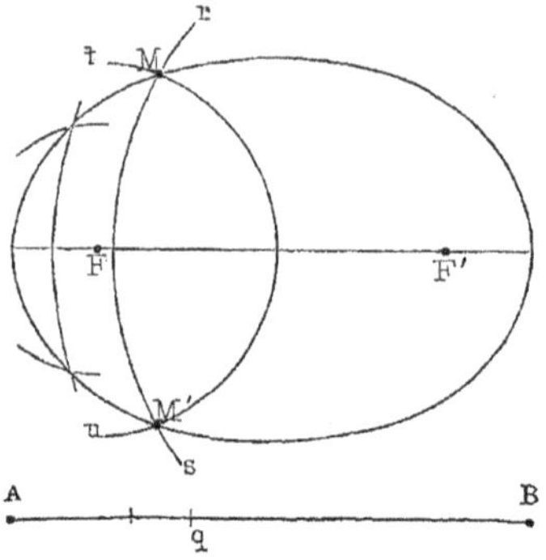

Fig. 3.

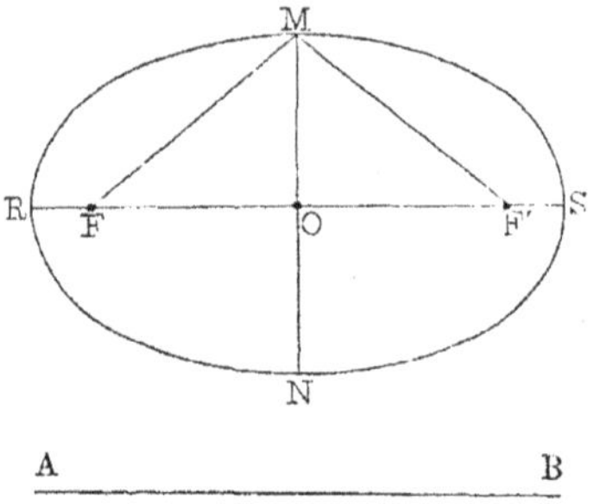

Bezeichnen wir die Länge der Linie AB mit $2a$, also die Hälfte von AB mit a, und tragen wir die letztere Distanz von der Mitte O zwischen F und F' nach rechts und links auf, so gelangen wir zu zwei Punkten S und R der Ellipse, Fig. 3; denn man hat z. B.: $F'R + FR = FR + FS = RS = 2a$. Der Punkt R ist also wie die Spitze des Dreiecks $FF'M$ so gelegen, dass die Summe der Seiten RF' und RF gleich $2a$ ist. Die Entfernung $SR = AB = 2a$ heisst die „Grosse Achse“ der Ellipse, die Punkte S und R selbst sind die „Scheitelpunkte“ derselben.

Zeichnet man über und unter RS als Grundlinie zwei gleichschenklige Dreiecke RMS und RNS, deren gleiche Seiten die Länge a haben, so liegen die Spitzen derselben ebenfalls auf der Ellipse und die Linie MN halbirt RS senkrecht in O.

Bezeichnet man MO oder NO mit dem Buchstaben b und die Hälfte $OF = OF'$ der Entfernung FF' mit c, so bestehen die Gleichungen:

$$c^2 + b^2 = a^2, \quad b = \sqrt{a^2 - c^2}$$

Die Länge $MN = 2b$ wird die kleine Achse der Ellipse genannt.

Das Verhältniss des halben Abstandes der Brennpunkte zur

halben grossen Achse oder die Grösse $\frac{c}{a}$ heisst Excentricität der Ellipse und wird mit dem griechischen Buchstaben ε bezeichnet.

Demnach ist:

$$\frac{c}{a} = \varepsilon, \quad b = a\sqrt{1-\varepsilon^2},$$

ε ist ein echter Bruch.

Ist M, Fig. 4, ein Punkt der Ellipse und construirt man die Dreiecke $FF'M'$, $FF'M''$, $FF'M'''$, so dass $F'M = F'M' = FM'' = FM'''$ und $FM = FM' = F'M'' = F'M'''$ ist, so liegen die Punkte M', M'', M''' auch auf der Ellipse. Die Diagonalen FF' und MM'' des Parallelogramms $FF'MM''$ halbiren sich in O.

Fig. 4.

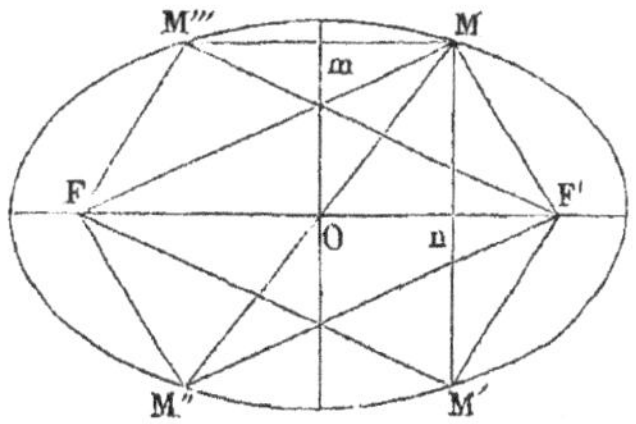

Die Mitte O von der Distanz der Brennpunkte hat also die Eigenschaft, dass in O auch jede durch diesen Punkt gezogene Sehne der Ellipse halbirt wird. Man nennt deshalb O den Mittelpunkt der Ellipse.

Ferner sieht man noch aus der Figur, dass MM' senkrecht auf FF' steht und in n halbirt wird, sowie dass MM''' von Om (oder der kleinen Achse) in m senkrecht halbirt wird. Mit anderen Worten: Die grosse und die kleine Achse theilen beide die Ellipse in zwei congruente Hälften.

Tangenten an die Ellipse. Man erkennt aus der Figur 2 der Ellipse, dass eine beliebig gezogene Linie im Allgemeinen die Ellipse nicht scheidet, wie die Gerade 1, Fig. 5, oder in zwei Punkten, wie die Gerade 2. Nur eine ganz bestimmte Schaar von Linien, wie die Gerade 3, hat die Eigenschaft, dass für sie die zwei Schnittpunkte mit der Ellipse in einen einzigen zusammenfallen. Solche Linien heissen berüh-

Fig. 5.

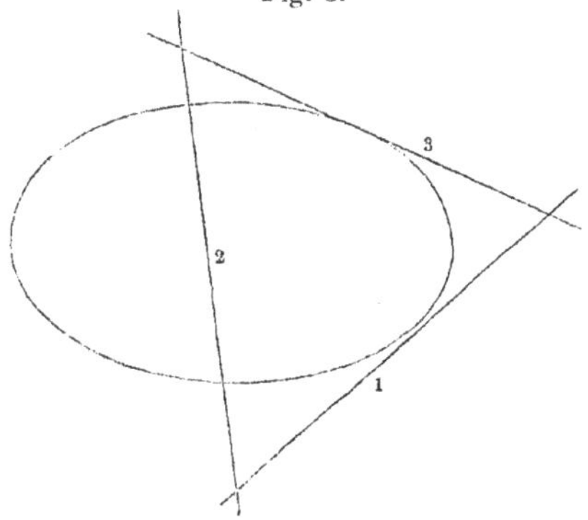

rende oder Tangenten, und wir wollen die Lage solcher Tangenten genauer zu kennzeichnen suchen.

A und B, Fig. 6, seien die Brennpunkte der Ellipse, G eine gerade Linie. Man fälle von dem einen Brennpunkte B eine Senkrechte Bp auf die Gerade und verlängere dieselbe nach der andern Seite um das Stück $p\,B' = p\,B$. Wenn nun die Gerade G eine solche Lage hat, dass dieser Punkt B' von dem andern Brennpunkte A gerade um die Länge der grossen Achse $2a$ entfernt ist — wenn also $AB' = 2a$ — so berührt die Gerade G die Ellipse.

Fig. 6.

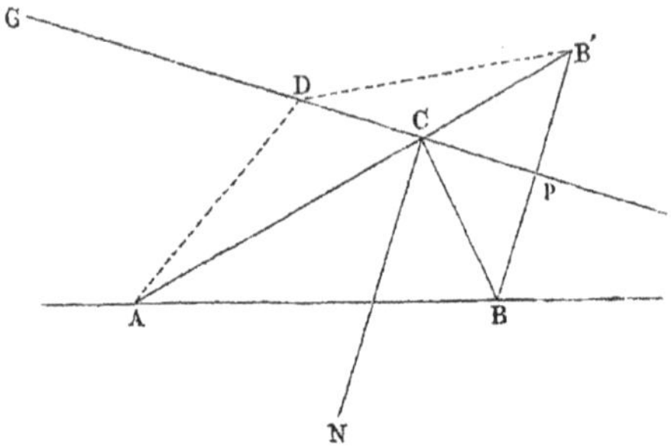

Der einzige Punkt, welchen die Ellipse und die Gerade G gemein haben, ist nämlich der Punkt C. Denn da $BC = B'C$ ist, so muss $AC + CB = AC + CB' = AB' = 2a$ sein.

Jeder andere Punkt D von G kann dagegen nicht auf der Ellipse liegen, weil ein solcher mit A und B' ein Dreieck bildet und in Folge dessen $AD + DB' = AD + DB$ immer grösser ist als AB' oder die grosse Achse.

C heisst der Berührungspunkt der Tangente G und der Ellipse.

Die Winkel BCp und ACD sind einander gleich, weil sie beide dem Winkel $p\,CB'$ gleich sind. Dies sprechen wir in dem Satze aus:

Die Tangente an die Ellipse im Punkte C bildet mit den Radien vectoren dieses Punktes gleiche Winkel. Radius vector oder Leitstrahl heisst nämlich jede von einem Brennpunkt nach einem Punkte der Ellipse gezogene Linie.

Eine in C auf die Tangente errichtete Senkrechte CN heisst Normale. Es gilt also auch der Satz:

Die Normale des Punktes C bildet mit den Leitstrahlen desselben gleiche Winkel.

3 **Coordinaten. — Gleichung und Inhalt der Ellipse.**

Um die Lage eines Punktes M, Fig. 7, in einer Ebene zu bestimmen, ziehe man in derselben Ebene zwei Gerade $X'OX$ und $Y'OY$ senkrecht auf einander und fälle von M zwei Normale Mp und Mq auf jene beiden Linien. Die Lage von M ist bekannt, wenn man p und q kennt, denn mit diesen Punkten sind ja auch die Senkrechten Mp und Mq bekannt, welche sich in M schneiden.

Fig. 7.

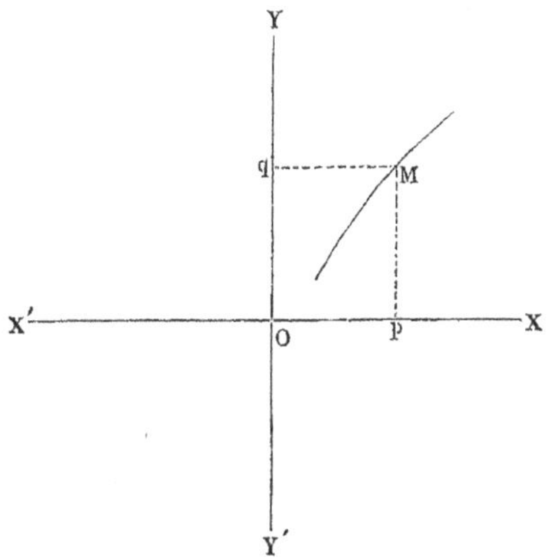

Um die Lage von p und q angeben zu können, muss man wissen:
1. die absolute Länge der Strecken Op und Oq, sowie
2. ob p rechts oder links von O und ob q unterhalb oder oberhalb O gelegen ist.

Diese beiden Dinge kann man aber leicht in einem einzigen algebraischen Zeichen ausdrücken, wenn man übereinkommt:

1. Dem Zahlenwerthe von Op das positive oder negative Vorzeichen zu geben, je nachdem p rechts oder links von O gelegen ist. — (Dieser mit dem richtigen Vorzeichen versehene Werth von Op soll mit dem Buchstaben x bezeichnet und Abscisse genannt werden.)

2. Dem Zahlenwerthe von Oq das positive oder negative Vorzeichen zu geben, je nachdem q oberhalb oder unterhalb O gelegen ist. — (Dieser mit dem richtigen Vorzeichen versehene Werth von Oq soll mit y bezeichnet und Ordinate genannt werden.)

Die zwei Grössen x und y, welche die Lage der Punkte q und p und damit die Lage der Senkrechten qM und pM sowie den Punkt M selbst bestimmen, heissen rechtwinklige Coordinaten des Punktes M, und die Linien $X'OX$ und YOY, auf welchen sie gemessen werden, sind die Coordinatenachsen.

$X'OX$ für sich heisst die Abscissenachse, und OX ist die sogenannte positive Seite derselben.

$Y'OY$ ist die Ordinatenachse und OY ihre positive Seite.

Es gelten auch die Gleichungen $pM = y$ und $qM = x$.

Hat man in der genannten Ebene eine Curve verzeichnet, so wird dieselbe im Allgemeinen von einer beliebigen zur Abscissenachse senkrechten Linie pM geschnitten. Wenn also $Op = x$ beliebig angenommen wird, so erhält man bestimmte Schnittpunkte der in p auf Op errichteten Senkrechten und der Curve, somit auch ganz bestimmte Ordinaten y derselben Schnittpunkte. Diese Zusammengehörigkeit von einem willkürlich angenommenen Werthe x und den Coordinaten y der Curvenpunkte, welchen auch die Abscisse x zukommt, kann, wenn das Gesetz für die Verzeichnung der Curve gegeben ist, im Allgemeinen durch eine Gleichung zwischen den Coordinaten x und y gegeben werden, welche man kurzweg die Gleichung der Curve in rechtwinkligen Coordinaten nennt.

Sollte man also die Gleichung der Ellipse finden für den Fall, dass die grosse Achse zur Abscissenachse werden soll und die kleine zur Ordinatenachse, so würde man eine Gleichung aufstellen müssen, aus welcher man für einen willkürlich angenommenen Werth On, Fig. 8, die zugehörigen Werthe nM und nM', und umgekehrt für einen beliebigen Werth der Ordinate Om die zugehörigen Abscissen mM und mM''' finden kann.

Fig. 8.

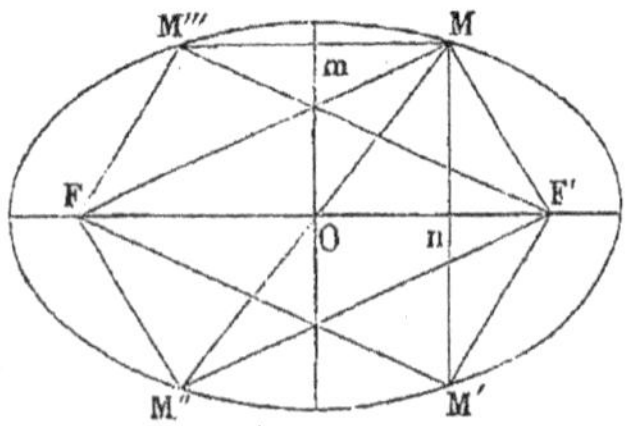

Da aber zu $x = On$ zwei entgegengesetzte Werthe nM und nM' der y-Coordinate gehören müssen, so kann die gesuchte Gleichung für die Ordinaten y nur eine reine quadratische Gleichung sein. Gleiches muss auch gelten für die x-Coordinaten, denn zu $y = Om$ gehören die entgegengesetzten Werthe mM und mM''' von x.

Die Gleichung muss somit die Form haben

1) $$mx^2 + ny^2 = 1,$$

wo m und n noch zu bestimmende Coefficienten sind.

Die Scheitel der grossen Achse haben offenbar die Coordinaten: $y = 0, x = +a$ und $y = 0$, $x = -a$. Die Gleichung 1) muss uns demnach, wenn wir für y den Werth 0 einsetzen, für x die Werthe $+a$ und $-a$ geben. Für diesen Fall wird aber die Gleichung 1):

$$mx^2 = 1, \quad x^2 = \frac{1}{m}, \quad x = \pm \frac{1}{\sqrt{m}}.$$

Soll $x = \pm a$ sein, so muss nothwendig $\frac{1}{\sqrt{m}} = a$ oder $m = \frac{1}{a^2}$ sein.

Ebenso schneidet die Ordinatenachse (kleine Achse) die Ellipse in zwei Punkten, welche die Coordinaten $x = 0$, $y = +b$ und $x = 0$, $y = -b$ haben.

Setzen wir daher in 1) $x = 0$, so muss herauskommen $y = \pm b$. Nun kommt aber in der That heraus

$$y^2 = \frac{1}{n}, \quad y = \pm \frac{1}{\sqrt{n}},$$

also sieht man, dass n der Gleichung

$$\frac{1}{\sqrt{n}} = b, \quad n = \frac{1}{b^2}$$

genügen muss.

Die Gleichung einer Ellipse, deren Mittelpunkt im Ursprung des Coordinatensystems gelegen ist, während ihre beiden Achsen in die Coordinatenachsen fallen und die bezügliche Grösse $2a$ und $2b$ haben, ist daher

1) $$\frac{x^2}{a^2} + \frac{y^2}{b^2} = 1.$$

Die beiden Brennpunkte dieser Ellipse liegen dann auf beiden Seiten von O in der Entfernung $a \cdot \varepsilon$, wenn ε die Excentricität $\frac{\sqrt{a^2 - b^2}}{a}$ ist.

Setzt man $a = b$, so entsteht die Gleichung

2) $$x^2 + y^2 = a^2$$

einer Ellipse mit zwei gleich grossen Achsen, für welche die Excentricität also gleich 0 ist und die beiden Brennpunkte in den Mittelpunkt selbst fallen. Aus Gleichung 2) folgt

$$\sqrt{x^2 + y^2} = a.$$

Nun ist aber $\sqrt{x^2 + y^2}$ nichts anderes als die Entfernung eines Curvenpunktes vom Ursprung O.

Die Curve, welche durch Gleichung 2) dargestellt ist, besteht also aus Punkten, welche von O um die Länge a entfernt sind — sie liegen auf einem Kreise mit dem Radius a. Der Kreis kann also als eine Ellipse specieller Art aufgefasst werden.

Löst man die Gleichungen 1) und 2) nach y auf, so erhält man:

$$y = \pm \frac{b}{a} \sqrt{a^2 - x^2}$$

und

$$y = \pm \sqrt{a^2 - x^2}$$

Dies lässt sich aussprechen in dem Satze:

Beschreibt man über der grossen Achse der Ellipse als Durchmesser einen Kreis, Fig. 9, und bestimmt man die Ordinaten zweier Punkte M und N in Kreis und Ellipse, welchen die gleiche Coordinate $x = Op$ zukommt, so verhalten sich dieselben wie $1 : \frac{b}{a}$ oder wie a zu b.

Fig. 9.

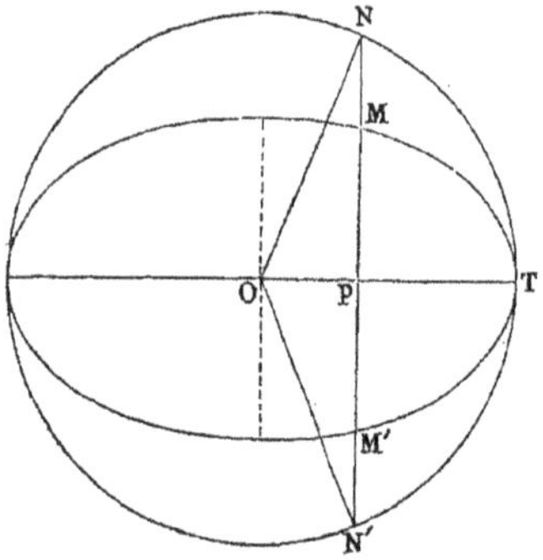

Dieser Satz kann zur Berechnung des Inhaltes von dem Ellipsenabschnitt $M'TM$ (Fig. 9) benutzt werden. Man theile durch eine sehr grosse Anzahl von Linien, die mit $M'M$ parallel laufen, den fraglichen Abschnitt und den Kreisabschnitt $N'TN$ in schmale Streifen. Diese Streifen können dann um so eher als Rechtecke angesehen werden, je schmaler sie sind. Die zwischen zwei aufeinander folgenden Geraden enthaltenen Streifen der Ellipse und des Kreises verhalten sich aber offenbar wie $a : b$. In demselben Verhältnisse stehen also auch die Inhalte der Abschnitte $N'TN$ und $M'TM$, wie auch die Inhalte des ganzen Kreises und der ganzen Ellipse.

Der Inhalt der Ellipse ist daher $\pi a^2 . \frac{b}{a}$ oder $\pi . a . b$.

Wenn J der Inhalt des halben Kreisabschnittes pNT ist, so ist der Inhalt des Ellipsenstückes pMT:

$$\frac{b}{a} \cdot J.$$

J ist aber der Unterschied des Kreissectors ONT und des Dreiecks ONp.

Bezeichnet man den Winkel TON mit u und denkt man sich denselben in Theilen von 2π ausgedrückt, so ist:

$$\text{Sector } ONT = \frac{1}{2}\, a^2 . u$$

$$\text{Dreieck } ONp = \frac{1}{2}\, a^2 . sin u . cos u,$$

daher

$$J = \frac{a^2}{2}\,(u - sin u\,.\,cos u)$$

und der Inhalt des Ellipsenstückes pMT:

$$\frac{ab}{2}\,(u - sin u\,.\,cos u).$$

Andere Form der Ellipsengleichung. Die zwei Gleichungen: 4

$$1)\qquad \begin{cases} x = a\,.\,cos\,u \\ y = b\,.\,sin\,u \end{cases}$$

drücken einen Zusammenhang zwischen den Coordinaten aus, welchen man durch Elimination von u erhält. Um dieselbe zu bewerkstelligen, leitet man aus den Gleichungen 1) ab:

$$cos^2 u = \frac{x^2}{a^2}, \quad sin^2 u = \frac{y^2}{b^2}.$$

Die Benutzung des Satzes:

$$cos^2 u + sin^2 u = 1$$

zeigt dann, dass die gesuchte Relation ist:

$$2)\qquad \frac{x^2}{a^2} + \frac{y^2}{b^2} = 1.$$

Fig. 10.

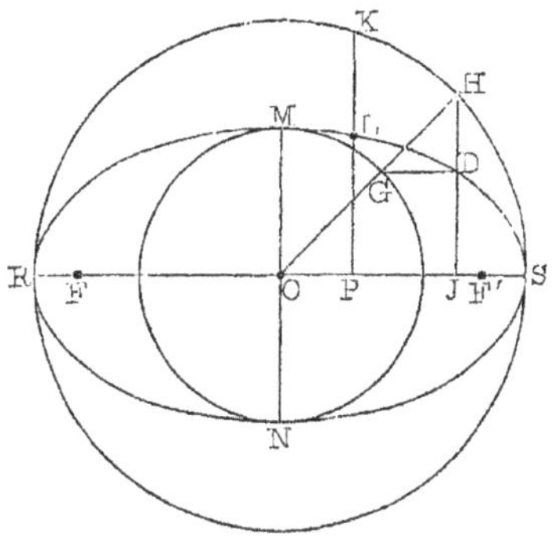

Die Gleichungen 1) liefern uns also für verschiedene Werthe von u die Coordinaten von Punkten der durch die Gleichung 2) dargestellten Ellipse.

In Fig. 10 sind um den Ursprung O des Coordinatensystems zwei Kreise mit den Radien a und b gezeichnet. Der Strahl OGH schneidet die beiden in den Punkten G und H. Zieht man durch G eine Parallele mit OS, sowie durch H eine Parallele mit OM, so schneiden sich die beiden in einem Punkte D der Ellipse, welche durch Gleichung 2) dargestellt ist.

Die Coordinaten von D sind nämlich:

$$x = OJ = a \,.\, cos\, u,$$
$$y = DJ = b \,.\, sin\, u,$$

wenn der Winkel HOS mit u bezeichnet wird, worin der Beweis liegt.

Der Winkel u ist derselbe, den wir auch in der letzten Nummer mit u bezeichnet haben.

5 **Gleichung der Ellipse in Polarcoordinaten.** Um die Lage von Punkten einer Ebene zu bestimmen, sei OA, Fig. 11, eine von O ausgehende Richtung.

Die Lage von M ist bekannt, sobald man die Länge OM (welche Radius vector genannt und mit r bezeichnet wird) kennt, sowie den Winkel φ, welchen OM mit der Richtung OA bildet. Diese beiden, die Lage von M bestimmenden Stücke r und φ heissen Polarcoordinaten des Punktes. O ist der Pol des Coordinatensystems, und OA seine Achse.

Fig. 11.

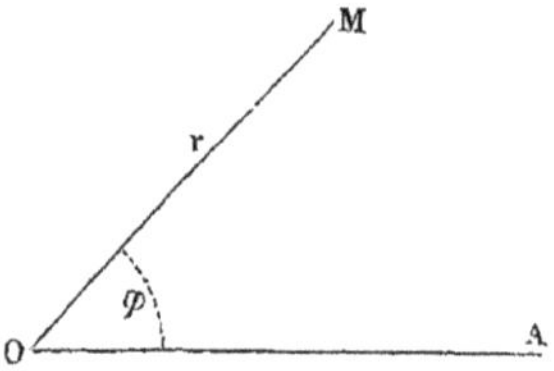

Fig. 12.

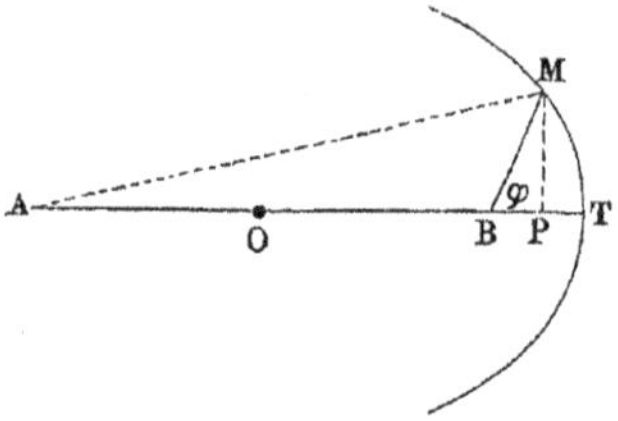

Eine Gleichung zwischen Polarcoordinaten stellt eine Curve dar, und wir wollen uns zur Aufgabe machen, die Gleichung der Ellipse in Polarcoordinaten zu finden für den Fall, dass der Brennpunkt B, Fig. 12, zum Pol, und die Richtung OB zur Achse genommen ist. M, Fig. 12, sei ein Punkt der Ellipse. Wird BM mit r bezeichnet, so ist $AM = 2a - r$. Zugleich ist $AB = 2a \,.\, \varepsilon$. Nach einem bekannten Satze der Trigonometrie ist dann:

$$(2a - r)^2 = r^2 + 4a^2\varepsilon^2 - 4a\varepsilon \,.\, r\, cos\,(180 - \varphi).$$

Setzt man $cos\,(180 - \varphi) = -\, cos\, \varphi$, so kommt nach der Reduction:

$$a(1-\varepsilon^2) = r + r\,\varepsilon\cos\varphi,$$

1) $$r = \frac{a(1-\varepsilon^2)}{1+\varepsilon\cos\varphi}.$$

Setzt man hier $\varphi = 90^0$, also $\cos\varphi = 0$, so erhält man offenbar für den Werth der Ordinate des senkrecht über B gelegenen Ellipsenpunktes:

$$a(1-\varepsilon^2).$$

Bezeichnen wir diese Brennpunktsordinate mit p, so heisst die Gleichung

$$r = \frac{p}{1+\varepsilon\cos\varphi}.$$

Die Länge $2p$ wird Parameter der Ellipse genannt.

Zusammenhang zwischen den rechtwinkligen und Polarcoordinaten eines Punktes. Für den Punkt M, Fig. 12, hat man in dem früher angewandten rechtwinkligen Coordinatensytem: 6

$$x = OP = OB + BP = a.\varepsilon + r.\cos\varphi$$
$$y = PM = r.\sin\varphi.$$

Zugleich hatten wir aber (4)

$$x = a.\cos u$$
$$y = b.\sin u.$$

Zwischen den Winkeln u und φ, welche zu dem gleichen Ellipsenpunkte gehören, hat man demnach die den Radius vector noch enthaltenden Relationen

1) $$a.\cos u = a\varepsilon + r.\cos\varphi,$$

2) $$b.\sin u = r.\sin\varphi.$$

Setzt man in die erste der beiden Gleichungen den aus Gleichung 1) in 5 berechneten Werth von $r\cos\varphi$ ein, so erhält man:

3) $$r = a(1-\varepsilon\cos u).$$

Aus 1) aber:

4) $$r\cos\varphi = a.\cos u - a\varepsilon.$$

Durch Addition und Subtraction dieser beiden Gleichungen:

5) $$r(1+\cos\varphi) = a(1-\varepsilon)\,(1+\cos u)$$

6) $$r(1-\cos\varphi) = a(1+\varepsilon)\,(1-\cos u).$$

Erinnert man sich an die Gleichungen:

$$1 + \cos\alpha = 2 \cdot \cos^2 \frac{\alpha}{2}$$

$$1 - \cos\alpha = 2 \cdot \sin^2 \frac{\alpha}{2} \cdot$$

so sieht man, dass durch Division von 5) und 6) entsteht:

$$tg^2 \frac{\varphi}{2} = \frac{1-\varepsilon}{1+\varepsilon} \cdot tg^2 \frac{u}{2},$$

$$tg \frac{\varphi}{2} = \sqrt{\frac{1-\varepsilon}{1+\varepsilon}}\, tg \frac{u}{2} \cdot$$

7 **Berechnung eines Ellipsensectors.** Der Inhalt des Sectors BTM, Fig. 13, sei zu finden.

Fig. 13.

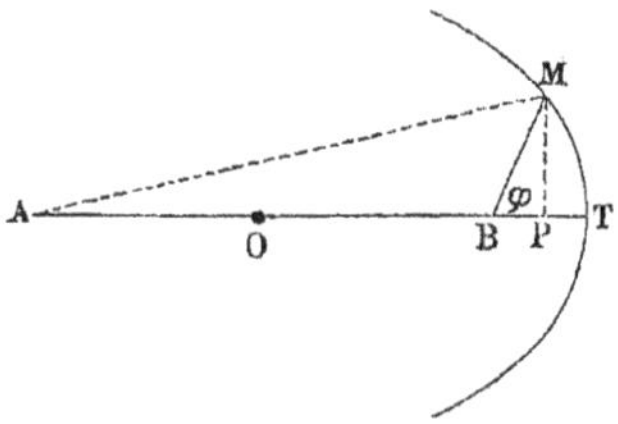

Nach (3) ist der Inhalt des Abschnittes PMT

$$J = \frac{ba}{2}(u - \cos u \cdot \sin u).$$

Wo u der zum Punkte M gehörige Winkel ist, welcher mit φ durch die Gleichung 7) in (6) zusammenhängt.

Der Inhalt J' des Dreiecks BPM ist

$$J' = \frac{r^2 \sin\varphi \cdot \cos\varphi}{2} \cdot$$

Führt man hier die Werthe für $r \sin\varphi$ und $r \cdot \cos\varphi$ aus den Gleichungen 1) und 2) in (6) ein, so wird daraus

$$J' = \frac{b \cdot a \sin u \cdot \cos u - b \cdot a \cdot \varepsilon \cdot \sin u}{2} \cdot$$

Durch Addition von J und J' entsteht:

$$\text{Sector } FBM = \frac{ba}{2}(u - \varepsilon \cdot \sin u).$$

Wo allerdings dieser Sector nicht durch den Winkel φ bestimmt ist, den die ihn begrenzenden Leitstrahlen bilden, sondern durch den Winkel u, welcher mit jenem durch die Gleichung 7) in (6) zusammenhängt.

8 **Die Hyperbel.** Alle Punkte $MM'M''\ldots$, Fig. 14, einer Ebene, welche so gelegen sind, dass die Differenz ihrer Abstände von zwei festen Punkten F und F' einer gegebenen Strecke von der Länge

$2a$ gleich ist, bilden eine Curve, die man Hyperbel nennt. Die gegebene Strecke muss kleiner sein als die Entfernung der Punkte F und F', welche Brennpunkte der Hyperbel heissen. Trägt man

Fig. 14.

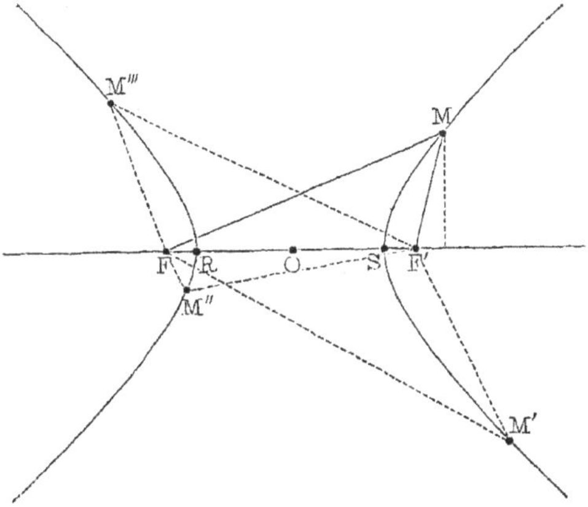

die Länge a von der Mitte O zwischen F und F' nach beiden Seiten der Linie FF' auf, so kommt man zu den Punkten R und S, welche auf der Hyperbel liegen. Die Strecke $RS = 2a$ nennt man die grosse Achse der Hyperbel, und die Punkte R und S heissen Scheitelpunkte der Curve. O ist der Mittelpunkt der Hyperbel. In ihm werden alle durch ihn gehenden Sehnen halbirt.

Sind dann $MM'M''$ Punkte der Hyperbel, so ist

$$FM - F'M = FM' - F'M' = F'M'' - FM'' = 2a.$$

Das Verhältniss $\frac{OF'}{OS}$ wird mit ε bezeichnet und heisst die Excentricität der Hyperbel; sie ist grösser als 1.

Man hat also

$$OF' = OS.\varepsilon = a.\varepsilon.$$

Um die Hyperbel zu construiren, muss man Kreise um F und F' beschreiben, für welche die Differenz der Radien $2a$ beträgt. Je zwei solcher Kreise liefern zwei Punkte der Hyperbel, Fig. 15 (a. f. S.). In dieser Figur ist ab die Länge der grossen Achse RS.

Aus dieser Construction sieht man, dass sowohl die Linie XX als auch die in O auf dieselbe errichtete Senkrechte die Curve in congruente Theile theilen, und dass Linien, welche mit diesen beiden Geraden parallel gehen, zwei Punkte der Hyperbel enthalten, welche von jenen Linien gleich weit entfernt sind.

Fig. 15.

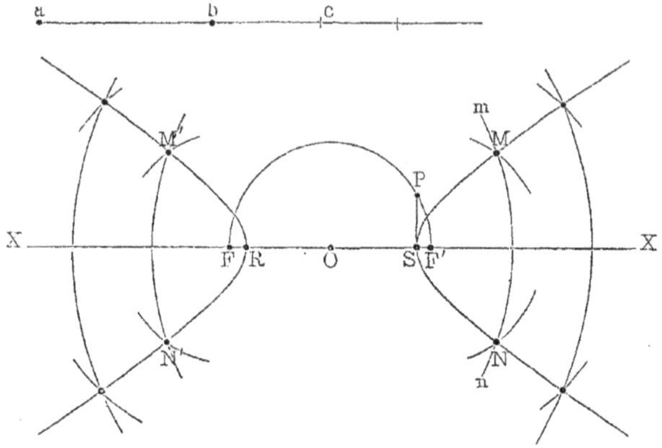

Nehmen wir daher die Gerade XX zur Abscissenachse und die in O auf derselben errichtete Senkrechte zur Ordinatenachse, so muss die Gleichung der Hyperbel in Beziehung auf die Coordinaten x und y eine reine quadratische sein, das heisst, sie hat die Form:

$$mx^2 + ny^2 = 1.$$

Setzt man für x den Werth a, so muss y gleich Null sein, also

$$m = \frac{1}{a^2},$$

n ist aber eine negative Zahl, weil auf der y-Achse offenbar keine Punkte der Hyperbel liegen können und deshalb für $x = 0$ y^2 einen negativen Werth erhalten muss.

Nennen wir diesen negativen Werth von n: $-\frac{1}{b^2}$, so ist die Gleichung der Hyperbel:

$$\frac{x^2}{a^2} - \frac{y^2}{b^2} = 1.$$

Man beschreibe um den Brennpunkt F einen Kreis mit dem Radius $2a$, Fig. 16. Verbindet man einen Punkt A dieses Kreises mit dem Brennpunkte F', und errichtet man auf der Mitte C von $F'A$ eine Senkrechte, so ist dieselbe eine Tangente an die Hyperbel und ihr Durchschnittspunkt B mit der Linie FA ist der Berührungspunkt. Der Beweis hiervon wird geführt, indem man zeigt, dass B der einzige Punkt jener Geraden ist, für welchen $FB - F'B = FB - AB = FA = 2a$ ist. Die Tangente bildet also auch bei der Hyperbel gleiche Winkel mit den Radien vectoren des Berührungspunktes.

Fig. 16.

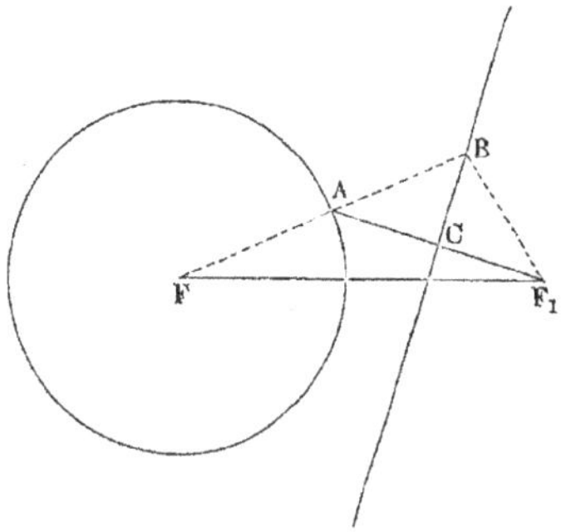

Zieht man von F' aus eine Tangente FD an den Kreis, Fig. 17, so geht die Linie, welche DF' senkrecht halbirt durch den Mittelpunkt O der Hyperbel und die Gerade FD, deren Schnitt mit OG den Berührungspunkt der Tangente OG ergeben soll, läuft mit letzterer parallel.

Fig. 17.

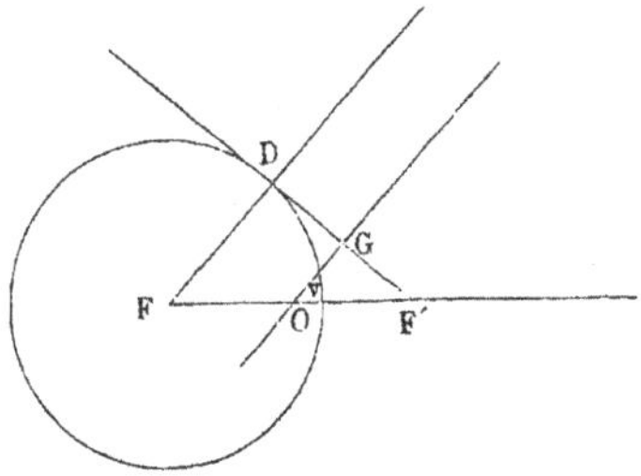

Diese durch den Mittelpunkt O gehende Linie OG und ebenso die andere, welche man durch die zweite von F' an den Kreis mögliche Tangente erhält, berühren daher die Hyperbel in unendlich fernen Punkten und heissen Asymptoten, Fig. 18.

Fig. 18.

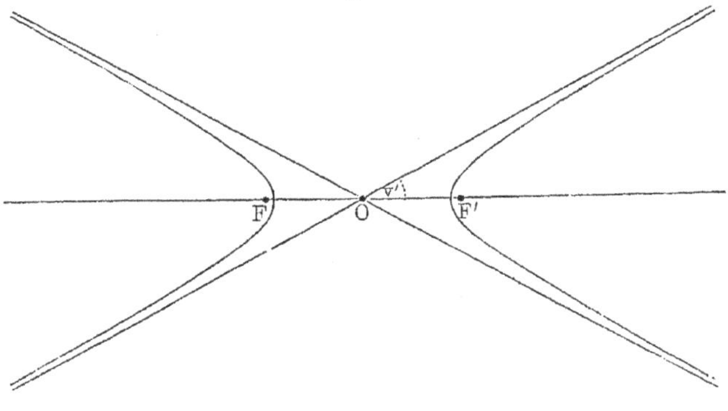

Der Winkel v, Fig. 17, ist dadurch bestimmt, dass

$$tg\,v = \frac{F'G}{GO} = \frac{\sqrt{\overline{F'O}^2 - \overline{OG}^2}}{OG} = \frac{a\sqrt{\varepsilon^2 - 1}}{a}.$$

Die Tangente des Winkels v kann man aber auch aus der Gleichung der Hyperbel finden.

Da wir wissen, dass die Asymptote eine Linie ist, welche von O nach einem unendlich entfernten Punkte der Hyperbel hingeht, so haben wir nur in der Gleichung

$$\frac{x^2}{a^2} - \frac{y^2}{b^2} = 1,$$

welche nach y aufgelöst heisst:

$$y^2 = \frac{b^2}{a^2}(x^2 - a^2)$$

x unendlich gross zu setzen. Dann kann man das Glied a^2 gegen das unendlich grosse x^2 vernachlässigen und erhält

$$y^2 = \frac{b^2}{a^2} \cdot x^2,$$

$$\frac{y}{x} = \pm \frac{b}{a},$$

also ist $\frac{b}{a}$ die Tangente des Winkels v, denn y und x sind die beiden Catheten in einem rechtwinkligen Dreieck, dessen Hypothenuse die Asymptote ist, während der Winkel v der Seite y gegenüber liegt. Vergleichen wir die beiden Werthe von $tg v$, so ergiebt sich

$$b = a\sqrt{\varepsilon^2 - 1}.$$

Die Gleichung der Hyperbel ist also auch

1) $$\frac{x^2}{a^2} - \frac{y^2}{a^2(\varepsilon^2 - 1)} = 1.$$

Man sieht, dass dieselbe in der Form vollständig mit der Gleichung der Ellipse

2) $$\frac{x^2}{a^2} + \frac{y^2}{a^2(1 - \varepsilon^2)} = 1$$

übereinstimmt. Der Unterschied zwischen beiden liegt darin, dass ε bei der Ellipse kleiner und bei der Hyperbel grösser als 1 ist.

Aus der Gleichung 2) wurde die Polargleichung der Ellipse abgeleitet, für einen Brennpunkt als Pol:

3) $$r = \frac{a(1 - \varepsilon^2)}{1 + \varepsilon \cos\varphi},$$

wo r der Radius vector eines Punktes M ist und φ der Winkel, welchen derselbe mit der x-Achse macht. Die Coordinaten x und y hängen mit r und φ zusammen durch die Gleichungen:

$$y = r \,.\, sin\, \varphi,$$

$$x = a\varepsilon + r \,.\, cos\, \varphi.$$

Macht man dieselben Substitutionen in der Gleichung 1) der Hyperbel, so kommt man zu der Polargleichung der Hyperbel

4) $$r = \frac{a(\varepsilon^2 - 1)}{1 + \varepsilon\, cos\, \varphi}.$$

Die Parabel. Alle Punkte $MM'M''\ldots$, Fig. 19, einer 9
Ebene, welche von dem Punkte F in derselben und der Geraden CD gleich grosse Entfernung haben, bilden eine Curve, die man Parabel nennt.

Fig. 19.

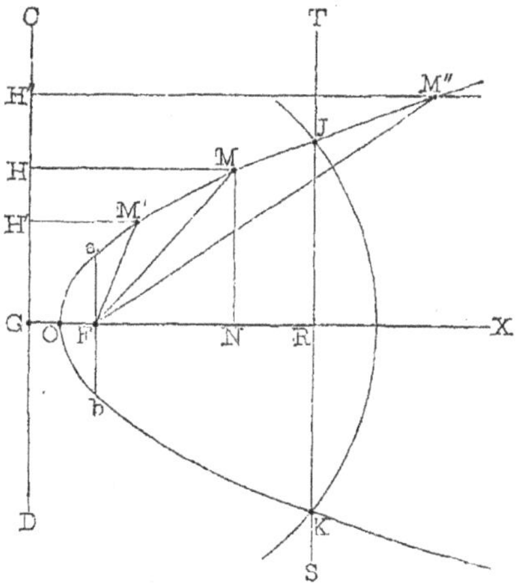

Entfernung eines Punktes von einer Geraden nennt man ja bekanntlich die Länge der von ersterm auf letztere gefällten Senkrechten.

Die Linie CD heisst Leitlinie der Parabel und der Punkt F ist der Brennpunkt derselben.

Sind also $MM'M''$ Punkte der Parabel, so ist:

$$FM = HM, \quad FM' = H'M', \quad FM'' = H''M''.$$

Man ziehe von F eine Senkrechte GX auf die Leitlinie. Dieselbe heisst die Achse der Parabel. Der einzige auf der Achse gelegene Punkt der Parabel ist die Mitte O zwischen O und F. Er heisst Scheitelpunkt der Parabel.

Denkt man sich in O eine Parallele mit der Leitlinie gezogen, so sieht man leicht, dass nur rechts von derselben Punkte der Parabel liegen können, und zwar liegen auf jeder Linie, wie RT, die in diesem Gebiete parallel mit der Leitlinie gezogen werden kann, zwei Parabelpunkte in gleicher Entfernung von der Achse; um sie zu erhalten, muss man nämlich GR in den Zirkel nehmen und mit diesem Radius einen Kreis um F beschreiben. Derselbe schneidet die Gerade ST in den Parabelpunkten K und J.

Nimmt man die Linie OX als x-Achse eines Coordinatensystems und die y-Achse in O senkrecht darauf, so sind JR und RO die Coordinaten des Punktes J.

Auf jeder zur Leitlinie parallelen Geraden liegen zwei Parabelpunkte, welche entgegengesetzte Werthe von y haben.

Die Gleichung der Parabel muss also für y eine reine quadratische sein.

Auf jeder Linie, welche parallel mit der x-Achse geht, liegt dagegen nur ein Parabelpunkt, das heisst, die Gleichung der Parabel muss für x vom ersten Grade sein.

Da aber ausserdem für $x = 0$ auch $y = 0$ werden muss, so kann die Gleichung der Parabel nur heissen:

1) $$y^2 = mx.$$

Die im Brennpunkte F senkrecht auf die Achse errichtete Parabelsehne ab heisst Parameter der Parabel.

Ihre Hälfte Fa soll mit p bezeichnet werden.

Dann muss, weil a ebensoweit von F als der Leitlinie entfernt sein muss:

$$aF = GF$$

sein, also

$$GF = p, \quad OF = \frac{p}{2},$$

Fig. 20.

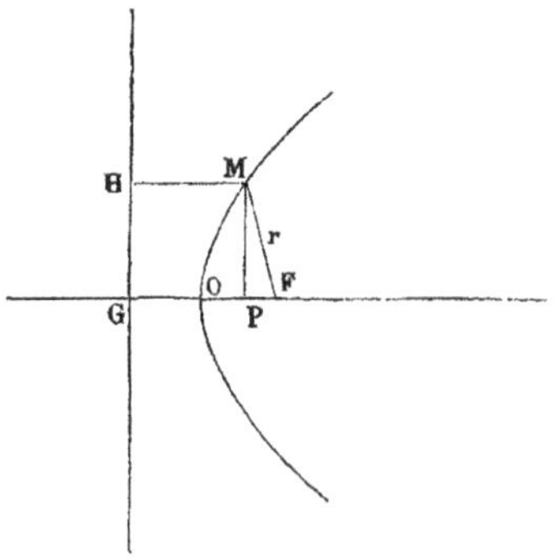

$y = p$ und $x = \frac{p}{2}$ sind daher die Coordinaten des Punktes a. Setzt man diese Werthe in 1) ein, so kommt:

$$p^2 = m . \frac{p}{2},$$

$$m = 2p.$$

Die Gleichung der Parabel ist also:

2) $$y^2 = 2px.$$

Um die Polargleichung der Parabel für F als Pol zu finden, bemerke man, dass (Fig. 20):

$$FG - FP = HM \quad \text{oder } p - r\cos\varphi = r,$$

3)
$$r = \frac{p}{1 + \cos\varphi}.$$

Tangenten an die Parabel. Ist F, Fig. 21, der Brennpunkt und AG die Leitlinie einer Parabel, und verbindet man F mit irgend einem Punkte A der Leitlinie, so ist die in der Mitte B von AF auf letztere Linie errichtete Senkrechte eine Tangente an die Parabel. Dieselbe hat nämlich nur den einzigen Punkt M, den Durchschnitt der errichteten Senkrechten und der durch A mit der Achse parallel gezogenen Linie mit der Parabel gemein. 10

Fig. 21.

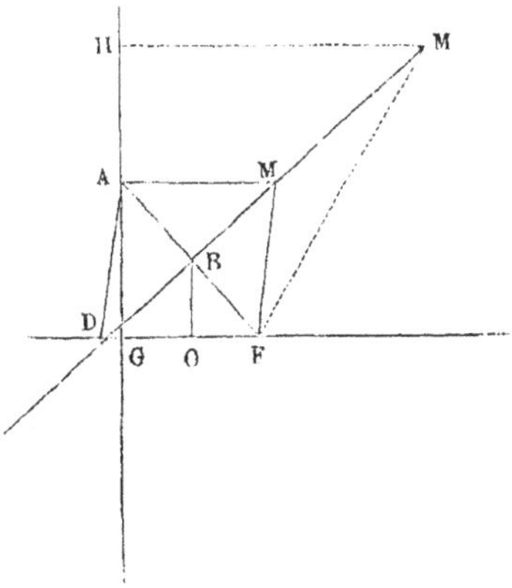

Für diesen Punkt ist

$$MA = MF.$$

Für einen andern M' dagegen:

$$M'A = M'F$$

und

$$M'H < M'A,$$

also

$$M'H < M'F.$$

M' kann desshalb nicht auf der Parabel liegen.

Verbindet man den Durchschnittspunkt D der Tangente und der Achse mit A, so ist offenbar $AMFD$ ein Parallelogramm.

Fällt man von B eine Senkrechte auf die Achse der Parabel, so ist ihr Fusspunkt im Scheitelpunkte O.

Man hat nun aus dem rechtwinkligen Dreieck BFD, in welchem BO die Höhe ist:

$$BF^2 = DF \cdot OF.$$

Bezeichnet man BF mit q, so ist:

4)
$$q^2 = r \cdot \frac{p}{2}.$$

Dies ist eine Gleichung zwischen dem Radius vector eines Punktes und der vom Brennpunkte auf die Tangente in demselben Punkte gefällten Senkrechten.

Fig. 22.

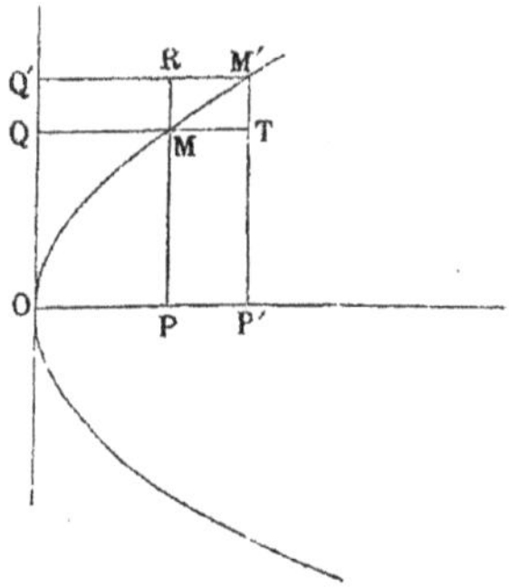

Eine Parabel ist bestimmt, wenn man von ihr den Brennpunkt F, einen Punkt M und die Tangente in diesem Punkte kennt.

Fällt man nämlich von F auf diese Tangente die Senkrechte FB, Fig. 21, und verlängert sie um die gleiche Länge nach der andern Seite, so hat man einen Punkt A der Leitlinie. Trägt man auch noch $BD = BM$ ab, so ist das ganze Parallelogramm $AMFD$ bekannt und die gesuchte Leitlinie ist die von A auf DF gefällte Senkrechte.

11 **Flächeninhalt eines Parabelpunktes.** MM', Fig. 22, seien zwei nahe gelegene Punkte der Parabel. Es sollen die Bezeichnungen gelten:

$$MP = y, \quad OP = x,$$
$$M'P' = y', \quad OP' = x',$$
$$MT = PP' = x' - x = k,$$
$$M'T = QQ' = y' - y = h.$$

Dann hat man

$$y'^2 = 2px', \quad y^2 = 2px,$$
$$(y + h)^2 = 2p(x + k),$$
$$y^2 + 2yh + h^2 = 2px + 2pk.$$

Wenn nun die Punkte MM' sehr nahe an einander gelegen sind, so ist h eine sehr kleine Zahl, deren Quadrat man gegen die übrigen Glieder der vorstehenden Gleichung vernachlässigen kann. Dann hat man, wenn zugleich y^2 gegen $2px$ gestrichen wird:

1) $$yh = pk,$$

2) $$yk = \frac{pk^2}{h}.$$

Erhebt man 1) ins Quadrat und ersetzt dann y^2 durch $2px$, so kommt:

und

$$2xh^2 = pk^2$$

3) $$x.h = \frac{p}{2} \cdot \frac{k^2}{h},$$

also der Gleichung 2) zufolge:

4) $$2x.h = y.k.$$

$x.h$ und $y.k$ sind die Inhalte der Rechtecke $QQ'RM$ und $PP'MT$.

Sind aber, wie oben angenommen wurde, die Punkte MM' sehr nahe an einander gelegen, so unterscheiden sich die Flächeninhalte von $QQ'M'M$ und $PP'M'M$ so wenig von jenen Rechtecken, dass die Inhalte dieser letzten Flächen in dem nämlichen Verhältniss stehen, also hat man:

$$2(QQ'M'M) = PP'M'M.$$

Auf dem Parabelbogen OM, Fig. 23, bestimme man nun eine Reihe sehr nahe an einander liegender Punkte und ziehe durch jeden eine Parallele mit der X-Achse und eine mit der Y-Achse. Dadurch wird das Flächenstück OPM in eine Anzahl von Streifen getheilt und das andere Flächenstück OMQ in eine gleiche Anzahl anderer Streifen. Jeder Streifen in OMQ ist halb so gross als der zugehörige in OPM. Daher ist auch der ganze Inhalt von OQM halb so gross als der Inhalt von OPM, das heisst:

$$OPM = \frac{2}{3} \cdot (OPMQ)$$

5) $$OPM = \frac{2}{3} \cdot x \cdot y,$$

wo x und y die Coordinaten des Punktes M sind.

Fig. 23.

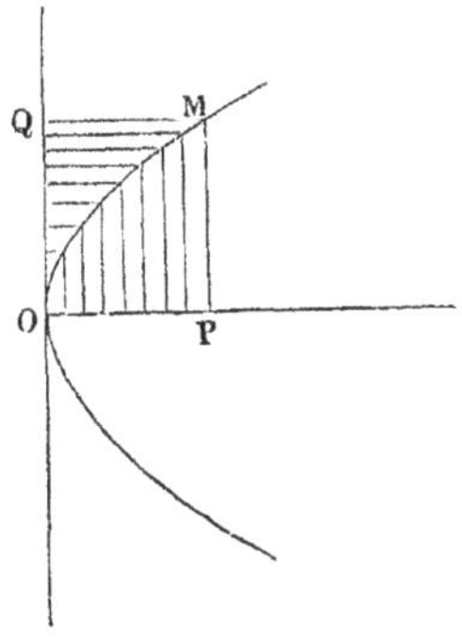

Fig. 24.

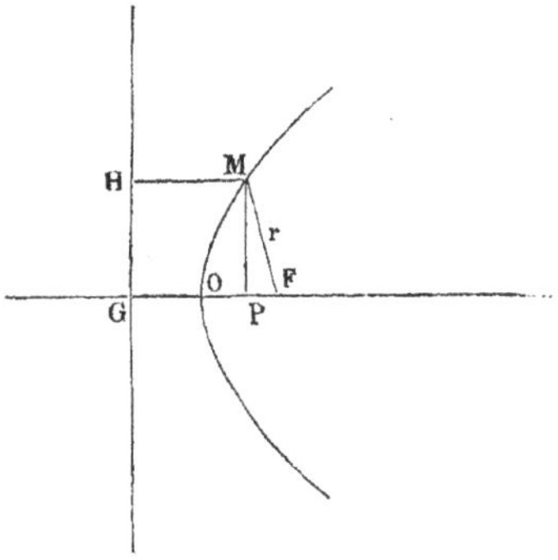

Somit ist der Inhalt des Flächenstückes OPM durch die Coordinaten des Punktes M ausgedrückt.

12 **Inhalt eines Parabelsectors.** Der Inhalt des Sectors OMF, Fig. 24 (a. v. S.), ist

$$OMP + PMT$$

$$= \frac{2}{3}\, OP.MP + \frac{1}{2} \cdot PF.MP$$

$$= \frac{2}{3} \cdot \left(\frac{p}{2} - r\cos\varphi\right).r.\sin\varphi + \frac{1}{2}\, r^2 \cos\varphi \sin\varphi$$

$$= \frac{1}{3}\, pr\sin\varphi - \frac{1}{6}\, r^2 \cos\varphi \sin\varphi.$$

Wendet man hier die Gleichung

$$r = \frac{p}{1 + \cos\varphi}$$

an, indem man zuerst für $p : r + r\cos\varphi$ setzt, so kommt man auf

$$\frac{1}{3}\, r^2 \sin\varphi . \left(\frac{\cos\varphi + 2}{2}\right).$$

Ersetzt man dann $\sin\varphi$ und $\cos\varphi$ durch ihre Werthe aus der Polargleichung, so kommt

$$\text{Sector } OFM = \frac{\sqrt{p.(2r - p)}}{3}\, \frac{r + p}{2}.$$

Zweiter Abschnitt.

Mechanische Einleitung.

Definition der Mechanik. Die Mechanik definirt man gewöhnlich als die Wissenschaft, welche von den Kräften und den durch sie hervorgerufenen Bewegungserscheinungen der Körper handelt. Bevor wir diese Difinition einer Kritik unterwerfen, sei noch eine andere Bemerkung vorausgeschickt. 13

Die Mechanik entlehnt ihre ersten Grundsätze einer Naturwissenschaft, der Physik. Auf derselben bauet sie — die theoretische Mechanik — ihre Lehrgebäude mit ebenso abstracten Schlüssen, wie alle übrigen rein mathematischen Wissenschaften. Sie ist also mit dem nämlichen Rechte, wie die Geometrie z. B., der reinen Mathematik beizuzählen. Um diesem Ausspruche das Ueberraschende zu nehmen, weisen wir darauf hin, dass ja auch die Geometrie ein Axiom besitzt, welches man als der Erfahrung entnommen denken kann. Nämlich die Anschauung der geraden Linie, deren Undefinirbarkeit von den neueren Gelehrten allgemein angenommen wird.

Gewöhnlich versteht man unter Kraft die letzte Ursache der Bewegung. Diese Auffassung darf aber bei der vorangestellten Definition der Mechanik nicht festgehalten werden. Bis zu diesen Ursachen vorzudringen, ist ja dem menschlichen Geiste unmöglich, und Alles was die Naturwissenschaften leisten, besteht nur in der Untersuchung der Abhängigkeit verschiedener sinnlich wahrnehmbarer Wirkungen, welche in jenen Ursachen ihre gemeinsame Quelle haben.

Welches sind nun aber diese Erscheinungen, deren gegenseitiger Zusammenhang als Gesetz ausgesprochen die Grundwahrheiten der Mechanik ausmachen?

Wenn ein Körper, dessen Dimensionen wir uns sehr klein denken wollen (ein materieller Punkt), aus dem Zustande der Ruhe in den der Bewegung übergeht, so geschieht dies nach einer bestimmten Richtung. Man kann nun das Entstehen der Bewegung hindern durch den Widerstand einer auf jene Richtung senkrechten festen Ebene. Dann erfährt aber die Ebene einen gewissen Druck. Als Richtung dieses Druckes bezeichnen wir die vorher genannte Anfangsrichtung der entstehenden Bewegung oder die durch den materiellen Punkt gehende, zur festen Ebene senkrechte Richtung.

Die Grösse des Druckes kann man durch Gewichte messen, indem man untersucht, welches Gewicht an einem elastischen Körper (Federwage) dieselbe Formveränderung hervorbringt, wie jener Druck selbst.

Dieser Druck von bestimmter Grösse und Richtung ist nun das, was in der obigen Definition der Mechanik unter Kraft zu verstehen ist. Derselbe hat gewisse Beziehungen zu den Grössen, welche die Bewegung des materiellen Punktes charakterisiren, so wie sie bei Entfernung der hemmenden Ebene auftritt. Die Definition solcher zur Charakteristik einer Bewegung nöthiger Grössen bildet den Gegenstand von einem besondern Zweige der Mechanik — der Bewegungslehre.

Der Ausspruch der Abhängigkeit jenes Druckes und dieser für die Art der Bewegung charakteristischer Grössen liefert dann die Grundsätze der Mechanik.

14 **Definitionen der Bewegungslehre. — Geschwindigkeit.** Wenn ein Punkt sich bewegt, so geschieht dies in einer gewissen Linie, die man seine Bahn nennt.

Wie nun auch diese Bahn beschaffen sei, sobald die Bewegung von der Art ist, dass von dem Punkte in gleichen Zeitabschnitten (ihre gemeinsame Dauer mag so kurz sein, wie sie will) gleich grosse Wege zurückgelegt werden, so nennt man die Bewegung eine gleichförmige. Der eingeklammerte Zusatz ist nöthig, um sogenannte periodische Bewegungen, wie die Pendelbewegung, auszuschliessen.

Bei einer gleichförmigen Bewegung wird in jeder Zeiteinheit (Secunde) der gleiche Weg zurückgelegt. Er heisst Geschwindigkeit der Bewegung und soll mit v bezeichnet werden. Der in einer bestimmten Anzahl t von Secunden zurückgelegte Weg s ist dann:

$$s = v.t,$$

daraus erhält man

$$v = \frac{s}{t},$$

so dass die Geschwindigkeit auch definirt werden kann als das bei einer gleichförmigen Bewegung immer gleich bleibende Verhältniss zwischen dem zurückgelegten Wege und der dazu gebrauchten Zeit.

Dabei kann die Anzahl t der Secunden eine ganze oder gebrochene Zahl sein.

Alle Bewegungen, welche die Eigenschaft der Gleichförmigkeit nicht haben, nennt man ungleichförmige Bewegungen. Man denke sich den Zeitraum, innerhalb welches eine solche Bewegung betrachtet werden soll, in eine sehr grosse Zahl von kleinen Zeitabschnitten eingetheilt, deren gemeinsame Dauer τ Secunden betrage, so dass τ ein sehr kleiner ächter Bruch ist.

In einem ganz bestimmten dieser Zeittheilchen (Momente) τ werde nun von dem Punkte ein (sehr kleiner) Weg σ zurückgelegt. Man kann sich dann eine gleichförmige Bewegung denken, in welcher der Punkt während der Zeit τ den gleichen Weg σ zurücklegen würde. Die Geschwindigkeit dieser gleichförmigen Bewegung $v = \frac{\sigma}{\tau}$ bezeichnet man auch als die Geschwindigkeit des ungleichförmig bewegten Punktes in dem Momente τ.

Diese Definition kann man noch etwas anders fassen. Von dem Augenblicke an, wo man die Bewegung des Punktes zu beobachten anfing, sei die Zeit T verflossen. Man beobachte die Bewegung in einem beliebig grossen darauf folgenden Zeitraume t und der in demselben zurückgelegte Weg sei s. Die Geschwindigkeit des bewegten Punktes nach Verfluss der Zeit T ist nun der Werth, welchen der Bruch $\frac{s}{t}$ annimmt, wenn man die Zeit t immer kleiner werden, sie bis ins Unbegrenzte abnehmen lässt, während der Zähler des Bruches jeweils in der durch den Nenner angegebenen Zeit zurückgelegte Weg ist.

Eine übersichtliche, wenn auch nicht ganz scharfe Definition ist auch die folgende.

Geschwindigkeit eines Punktes nach Verfluss der Zeit T ist der Weg, welchen derselbe in der nächsten Secunde durchlaufen würde, wenn er sich während derselben immer so bewegte, wie in dem ersten auf die Zeit T folgenden Momente.

Hat also ein ungleichförmiger Körper nach Verfluss der Zeit T die Geschwindigkeit v, so wird er in dem nächsten Momente τ einen Weg

$$\sigma = v \cdot \tau$$

zurücklegen.

15 **Berechnung des zurückgelegten Weges.** Auf der X-Achse eines Coordinatensystems, Fig. 25, stellte man die Zeit T

Fig. 25.

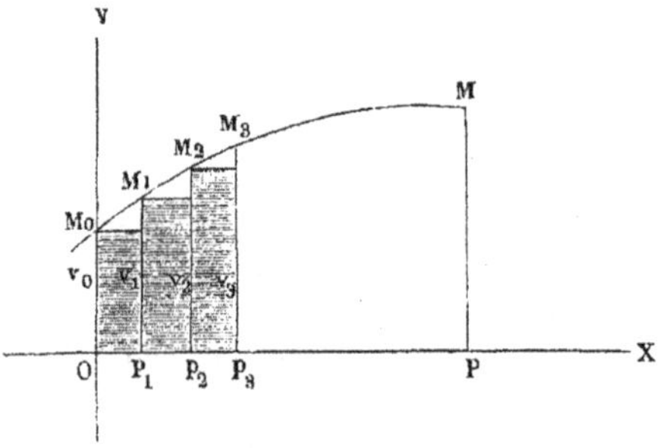

durch eine Länge OP dar, indem man zur Darstellung der Zeiteinheit die Längeneinheit nimmt. Die verschiedenen Zeittheilchen τ werden in derselben Weise durch die gleich grossen Linienstücke Op_1, p_1p_2, p_2p_3 . . . bezeichnet.

Die Längen Op_1, Op_2, Op_3 . . . bezeichnen dann nach einander die Zeiten τ, 2τ, 3τ . . .

In den Punkten Op_1p_2 . . . P errichte man Senkrechte und trage in jedem der Punkte Op_1p_2 . . . auf der errichteten Senkrechten die Geschwindigkeit ab, welche der Punkt bezüglich am Anfange des ersten, zweiten, dritten . . . Zeittheiles hat.

Jeder Punkt $M_0 M_1 M_2$ . . . hat dann als X-Coordinate die verflossene Zeit und als y-Coordinate die Geschwindigkeit, welche der bewegte Punkt nach Verfluss derselben besitzt. Die Curve, in welcher die Punkte $M_0 M_1 M_2$ . . . M liegen, heisst die Geschwindigkeitscurve.

Die von dem bewegten Punkte in den Zeittheilchen τ zurückgelegten Wege $v_0\tau$, $v_1\tau$, $v_2\tau$ ... sind dann offenbar durch den Inhalt der schattirten Rechtecke dargestellt. Der gesammte in der Zeit T zurückgelegte Weg ist dann dargestellt durch die Summe aller Rechtecke, welche zwischen die Achse OY und die Senkrechte PM zu liegen kommen. Nimmt man aber, wie es ja sein soll, die Zeittheilchen τ immer kleiner und kleiner, so füllen zuletzt diese Rechtecke den ganzen Raum zwischen der Geschwindigkeitscurve, der Abscissenachse und den beiden Linien OM_0 und PM aus. Der Inhalt dieses Flächenstücks stellt dann den von dem bewegten Punkte in der Zeit T durchlaufenen Weg dar; das heisst:

Lässt man die Zahl, welche angiebt, wieviele Flächeneinheiten jenes Flächenstück enthält, Längeneinheiten bedeuten, so drückt sie den in der Zeit T durchlaufenen Weg aus.

Gleichförmig beschleunigte Bewegung. Wenn bei einer 16
ungleichförmigen Bewegung die Geschwindigkeit sich derart ändert, dass dieselbe in gleichen Zeiten um gleichviel zunimmt, so heisst die Bewegung eine gleichförmig beschleunigte.

Eine gleichförmig verzögerte Bewegung dagegen ist eine solche, bei welcher die Geschwindigkeit in gleichen Zeiten um gleichviel abnimmt.

Die Grösse, um welche sich die Geschwindigkeit in einer Secunde ändert, heisst die Beschleunigung der Bewegung und soll mit p bezeichnet werden. p soll dann die mit dem positiven oder negativen Vorzeichen versehene absolute Grösse der Geschwindigkeitsveränderung sein, je nachdem diese Aenderung eine Zunahme oder Abnahme ist. Die Geschwindigkeit des Punktes nach Verfluss von t Secunden ist dann, wenn v_0 die Geschwindigkeit zu Anfang jener Zeit war:

$$v = v_0 + pt.$$

Um den in der Zeit t durchlaufenen Weg zu finden, construire man die Geschwindigkeitscurve, welche offenbar eine Gerade ist, welche die Punkte M_0 und M, die bezüglich die Coordinaten v_0 und 0, v und t haben, verbindet, Fig 26 (a. f. S.).

Der zurückgelegte Weg s ist dann durch den Inhalt des Paralleltrapezes OM_0MP dargestellt.

Derselbe ist:

$$OP \cdot \frac{OM_0 + PM}{2} = t \cdot \frac{v_0 + v_0 + pt}{2},$$

also

$$s = v_0 t + p \frac{t^2}{2}.$$

Diese Gleichung ist auch noch richtig, wenn p einen negativen Werth hat, in welchem Falle die Bewegung eine gleichförmig ver-

Fig. 26.

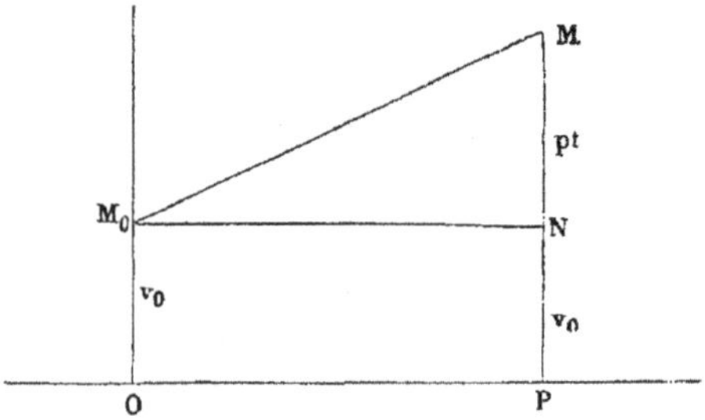

zögerte ist. Nur müsste dann die Figur anders gezeichnet werden, indem sich die Geschwindigkeitscurve bei einer solchen Bewegung senkt.

Alles bisher Gesagte gilt für geradlinige und krummlinige Bewegungen. Der Geschwindigkeit eines krummlinig sich bewegenden Punktes in einem bestimmten Moment schreibt man aber ausserdem noch eine Richtung bei. Es ist dies die Richtung von dem Punkte der Bahn, in welchem er sich gerade befindet, nach dem nächstfolgenden Punkte, oder die Richtung der Berührenden im ersten Punkte.

17 **Gesetz der Trägheit. — Wirkung einer Kraft auf einen bewegten Punkt.** Das Fundament der Mechanik ist das Gesetz der Trägheit:

I. Wenn ein Körper mit einer Geschwindigkeit von bestimmter Richtung und Grösse sich bewegt und es wirkt keine Kraft auf denselben, so behält er seine Geschwindigkeit in unveränderter Grösse und Richtung bei, das heisst: er bewegt sich gleichförmig auf einer geraden Linie.

Dieses Gesetz kann direct nicht durch den Versuch bewiesen werden, denn in der Natur giebt es keinen Körper, der nicht Kräften unterworfen ist.

Dennoch ist das Gesetz zweifellos und durch eine vollkommen sichere Abstraction aus den Beobachtungen erschlossen worden, worauf wir jedoch nicht eingehen.

Die weiteren Grundgesetze der Mechanik, welche wir ebenfalls nur als Thatsachen anführen, beziehen sich auf die Wirkungen einer Kraft auf einen bewegten Körper, den wir uns als von sehr kleinen Dimensionen — als materiellen Punkt — denken.

Um zuerst mit dem einfachsten Falle zu beginnen, denken wir uns einen materiellen Punkt mit einer Geschwindigkeit v_0 von bestimmter Grösse und Richtung sich bewegend. Auf ihn wirke eine Kraft von beliebiger aber sich immer gleichbleibender Grösse, deren Richtung mit der Richtung der Geschwindigkeit v_0 zusammenfällt.

Unser zweites Gesetz heisst dann:

II. Eine solche gleichbleibende Kraft bewirkt ein Wachsen der Geschwindigkeit v_0, deren Richtung aber unverändert bleibt; und zwar ist die in gleichen Zeiträumen erfolgende Zunahme auch gleich gross.

Mit anderen Worten:

Es entsteht eine gleichförmig beschleunigte Bewegung, deren Beschleunigung (die in einer Secunde erreichte Zunahme der Geschwindigkeit) p in einer gewissen Beziehung steht zu der Grösse P der in Pfunden ausgedrückten Kraft.

Wenn nämlich verschieden grosse Kräfte P, P_1, P_2 . . . auf denselben materiellen Punkt in der oben angegebenen Weise wirken und demselben verschiedene gleichförmig beschleunigte Bewegungen ertheilen, deren Beschleunigungen der Reihe nach p, p_1, p_2 . . . sind, so zeigt die Erfahrung, dass das Verhältniss einer dieser Beschleunigungen zu der sie hervorbringenden Kraft immer dasselbe ist, also:

$$\frac{P}{p} = \frac{P_1}{p_1} = \frac{P_2}{p_2} \ldots$$

Dieses Verhältniss als unbenannte Zahl gedacht, ist also eine Zahl, welche für den bestimmten Körper (materiellen Punkt), den wir im Auge haben, eine charakteristische Grösse ist.

Sie wird Masse des Körpers genannt und mit m bezeichnet, so dass man hat:

$$\frac{P}{p} = m, \quad \frac{P_1}{p_1} = m, \quad \frac{P_2}{p_2} = m$$

oder

$$p = \frac{P}{m}, \quad p_1 = \frac{P_1}{m}, \quad p_2 = \frac{P_2}{m} \ldots$$

Die Beschleunigung, welche die Kraft P dem materiellen Punkte ertheilt, wird also erhalten, indem man die Grösse der Kraft dividirt durch jene Zahl, die man Masse des Punktes nennt.

Eine solche gleichbleibende Kraft, welche eine gleichförmig beschleunigte Bewegung hervorruft, ist aber die auf einen Körper wirkende Schwerkraft, deren Grösse sein Gewicht G angiebt. Nun zeigt sich, dass alle Körper im luftleeren Raume gleich schnell fallen, dass die gleichförmig beschleunigten Bewegungen, welche sie vollführen, alle die nämliche Beschleunigung $g = 9{,}809$ Meter $= 30{,}16$ pariser Fuss haben. Die Masse eines Körpers wird also auch gefunden, wenn man sein Gewicht durch den Werth von g dividirt.

Das heisst: Die Massen der Körper sind ihren Gewichten (welche dieselben am gleichen Orte der Erde besitzen) proportional.

Zu dem Bisherigen ist nur noch als Ergänzung hinzuzufügen, dass, wenn die Kraft P der Anfangsgeschwindigkeit entgegengesetzt gerichtet ist, die entstehende Bewegung eine gleichförmig verzögerte ist, deren Beschleunigung eine negative Zahl ist, während ihre absolute Grösse wieder erhalten wird, wenn man in die Grösse der Kraft mit der Masse dividirt.

Giebt man aber in diesem Falle der Kraft P selbst das negative Vorzeichen, so erhält man für die Beschleunigung p auch dem Zeichen nach den richtigen Werth in der Zahl $\frac{P}{m}$.

In beiden Fällen wird dann der bewegte Punkt, der die Anfangsgeschwindigkeit v_0 hatte, nach t Secunden die Geschwindigkeit

$$v = v_0 + p \cdot t$$

besitzen, in welcher Formel p den Werth $\frac{P}{m}$ hat.

Wie wird aber die entstehende Bewegung sein, wenn die Kraft zwar ihre Richtung beibehält, aber ihrer Grösse nach immer wechselt? In diesem Falle wird man der wirklich ausgeführten Bewegung beliebig nahe kommen können, wenn man annimmt, dass die Kraft während einer Zeit τ sich gleich bliebe und sich diese Zeit τ hinreichend klein vorstellt.

Wenn dann in einem bestimmten Augenblicke die Geschwindigkeit des Punktes v_0 war, so wird sie nach Verfluss des Momentes τ den Werth $v_0 + p\tau \left(p = \frac{P}{m}\right)$ haben. Man kann also unter dieser Annahme die Geschwindigkeit von Moment zu Moment finden, und wir wissen aus 16, dass dann der zurückgelegte Weg berechnet werden kann, wenn die Geschwindigkeit der Bewegung in jedem Augenblicke bekannt ist.

Die seitherigen Betrachtungen beschränkten sich auf den Fall, wo die Richtungen der Kraft und der Anfangsgeschwindigkeit in die gleiche Gerade fallen.

Nun aber soll angenommen werden, dass ein materieller Punkt, dessen Masse m ist, sich in einem bestimmten Augenblicke nach der Richtung MN bewege mit einer Geschwindigkeit v_0, deren Grösse durch die Länge der Linie MN, Fig. 27, dargestellt ist. Auf ihn wirke von demselben Momente an eine Kraft von constanter Grösse P parallel der Linie ML.

Fig. 27.

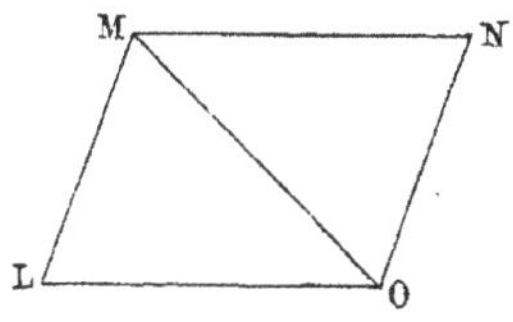

Welches wird nun Richtung und Grösse der Geschwindigkeit sein, welche der Punkt nach Verfluss der Zeit t besitzt?

Wäre die Geschwindigkeit v_0 nach ML gerichtet, würde der Punkt nach der Zeit t die Geschwindigkeit $v_0 + pt \left(p = \frac{P}{m}\right)$ besitzen. Er würde eine Zunahme pt der Geschwindigkeit erfahren. Die Grösse dieser Zunahme tragen wir auf die Linie ML auf und wir nehmen an, dass ML selbst diese Länge vorstelle.

Unser drittes Grundgesetz heisst nun:

III. Die Richtung und Grösse der Geschwindigkeit, welche der materielle Punkt unter den eben auseinandergesetzten Verhältnissen nach Verfluss der Zeit t hat, wird durch die Richtung und Länge von der Diagonale MO des Parallelogramms $MNOL$ dargestellt, welches über den Linien MN und MO errichtet ist.

Diesen Satz wollen wir das Gesetz vom Parallelogramm der Geschwindigkeiten nennen.

Die zwei Geschwindigkeiten MN und ML heissen Componenten, die Geschwindigkeit MO heisst Resultante.

Die Geschwindigkeit ML, deren Grösse $p.t$ ist, soll bezeichnet werden als die dem Punkte von der Kraft P in der Zeit t mitgetheilte Geschwindigkeit.

Wenn also die Kraft P mit der Anfangsgeschwindigkeit gleiche Richtung hat, so ist die Endgeschwindigkeit die Summe der Anfangsgeschwindigkeit v_0 und der von der Kraft in der Zeit t mitgetheilten Geschwindigkeit pt. Macht aber die Kraft mit der Anfangsgeschwindigkeit einen Winkel, so ist die Endgeschwindigkeit die Diagonale des über v_0 und der mitgetheilten Geschwindigkeit pt gebildeten Parallelogramms.

Der erste von diesen beiden Fällen ist aber im zweiten inbegriffen und wird aus diesem erhalten, wenn man den Winkel zwischen Kraft und Anfangsgeschwindigkeit gleich 0 setzt. Das Parallelogramm fällt dann in die gemeinsame Richtung der letztern zusammen und die Diagonale wird von selbst die Summe der Componenten v_0 und pt.

Die Endgeschwindigkeit ist also in allen Fällen die Resultante aus der Anfangsgeschwindigkeit und der durch die Kraft mitgetheilten Geschwindigkeit.

Fig. 28.

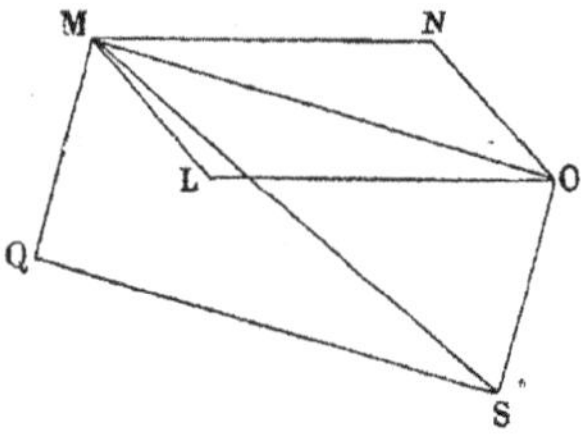

Wir werden nachher nöthig haben, zuerst eine Geschwindigkeit MN, Fig. 28, mit einer andern ML zu der Resultirenden MO und diese dann mit einer weiteren Geschwindigkeit MQ zu einer letzten Resultirenden MS zusammenzusetzen.

Nun sieht man, wie dadurch, dass man die drei Geraden MN, ML, MQ in beliebiger Reihenfolge zu gebrochenen Linien, wie zum Beispiel $MNOS$ zusammensetzt, immer der Punkt S als Endpunkt der auf diese Art möglichen gebrochenen Linien erreicht wird. Hieraus lässt sich dann weiter leicht schliessen, dass man die nämliche Resultirende MS erreicht, ob man nun zuerst MN und ML zu MO und dann MO mit MQ zusammensetzt, oder ob man zuerst MQ und ML zu einer Resultirenden MT und diese letzte mit MN zu einer letzten Resultirenden vereinigt. Auch noch eine dritte Art der Zusammensetzung, bei welcher zuerst MN und MQ und dann das Resultat dieser Zusammensetzung mit ML vereinigt wird, führt zum gleichen Resultat.

Parallelogramm der Kräfte. IV. Wenn zwei in Richtung 18
und Grösse constante Kräfte, die nach MK und ML gerichtet sind, Fig. 29, während der Zeit t auf einen materiellen Punkt wirken, welcher eine durch MN dargestellte Geschwindigkeit v_0 besitzt, so sagt das vierte der Beobachtung entnommene Gesetz, dass die Geschwindigkeit des Punktes nach dieser Zeit t die nämliche sei, als ob die Kräfte nach einander einzeln durch die Zeit t hindurch auf den materiellen Punkt gewirkt hätten.

Fig. 29.

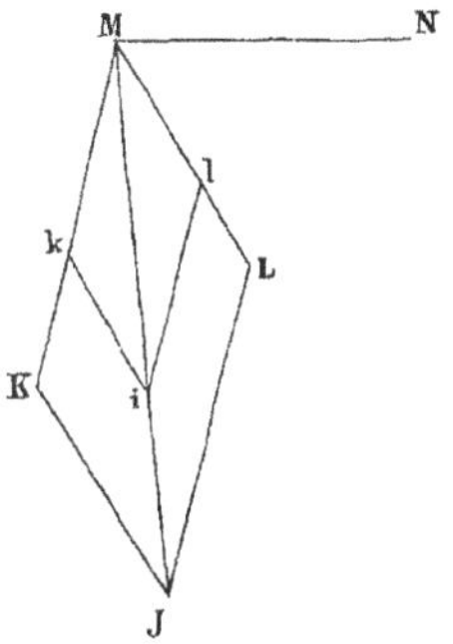

Die Grössen der beiden Kräfte seien P und Q. Die Beschleunigungen derselben p und q, und pt, qt die Geschwindigkeiten, welche der bewegte Körper durch die jeweilige alleinige Einwirkung der Kräfte P und Q in der Zeit t als erworbene Geschwindigkeiten erhalten hätte. Mk und Ml seien Linien, welche der Grösse und Richtung nach jene Geschwindigkeiten pt und qt vorstellen.

Nach dem Gesetze IV. erhält man dann die Endgeschwindigkeit des Punktes M, welcher die Anfangsgeschwindigkeit v_0 hatte und die Zeit t hindurch von den Kräften P und Q getrieben wurde, indem man zuerst Ml und Mk und dann die Resultirende von diesen beiden mit MN zusammensetzt. Oder (nach 17), indem man die Resultirende Mi der beiden erworbenen Geschwindigkeiten mit der Anfangsgeschwindigkeit MN zusammensetzt.

Es ist:

$$P = mp, \quad Q = mq$$

oder

$$P = pt.\left(\frac{m}{t}\right), \quad Q = qt.\left(\frac{m}{t}\right).$$

Man trage nun auf den Linien Mk und Ml die Strecken MK und ML ab, welche $\left(\frac{m}{t}\right)$mal so gross sind als Mk und Ml, so werden dieselben sich verhalten, wie die Kräfte P und Q, deren Richtungen sie auch einnehmen.

Ueber MK und ML construire man das Parallelogramm $MLIK$, und denke sich eine Kraft R, welche die Richtung MJ hat und sich zu der Kraft P verhält wie die Linie MJ zu MK.

Die Beschleunigung r, welche diese Kraft hervorbringt, erhält man nach (17) aus der Gleichung

$$r:p = MJ:MK$$

und demnach muss die Geschwindigkeit $r\,.\,t$, welche dieselbe dem Punkte M in der Zeit t mittheilen würde, der Proportion genügen:

$$r.t : p.t : MJ:MK$$

$$r.t : Mk = MJ : MK.$$

Man hat aber auch:

$$Mi : Mk = MJ : MK,$$

also ist die Geschwindigkeit $r.t$ durch die Linie Mi dargestellt.

Die Kraft R würde also allein dem Punkte M in der Zeit t dieselbe Geschwindigkeit mittheilen, wie die Kräfte P und Q zusammen.

Daraus folgt der Satz:

IVa. Trägt man auf den Richtungen zweier Kräfte P und Q, welche auf den Punkt M wirken, Strecken auf, welche diesen Kräften proportional sind, so stellt die Diagonale des über den beiden Kräften construirten Parallelogramms in Richtung und Grösse eine Kraft dar, welche jene zwei Kräfte P und Q in ihrer Wirkung auf den Punkt M vollkommen ersetzen kann.

Das heisst, wenn jene dritte Kraft R genannt wird, so fällt die Richtung von R mit der Richtung der Diagonalen zusammen und in ihrer Grösse verhält sie sich zu den Kräften P und Q wie die Diagonale zu den jene beiden Kräfte repräsentirenden Seiten des Parallelogramms. Die Kräfte P und Q werden auch hier Componenten und die Kraft R die Resultirende genannt.

Dieser Satz heisst das Gesetz vom Parallelogramm der Kräfte.

19 **Krummlinige Bewegung.** Wir gehen nun zur Betrachtung einer Bewegung über, welche durch eine stetig sich ändernde Kraft hervorgerufen ist.

Zu einer bestimmten Zeit habe der materielle Punkt M die Geschwindigkeit v_0. Eine von hier an verfliessende Zeit t theilen wir in eine Anzahl kleiner unter sich gleicher Theile, deren Dauer mit τ bezeichnet werden möge. Zu Anfang des ersten, zweiten, dritten . . . Zeittheiles soll die auf den Punkt M einwirkende Kraft die Grössen P_0, P_1, P_2 . . . haben und die Richtungen der Kraft in denselben Augenblicken seien ebenfalls bekannt. Nehmen wir nun an, dass diese Kräfte durch einen Zeittheil τ hindurch in Richtung und Grösse constant bleiben, so erhalten wir eine andere Bewegung, die wir mit den bisherigen Sätzen vollständig untersuchen können und welche mit der wirklichen Bewegung des Punktes M mehr und mehr zusammenfällt, je kleiner die Dauer τ der Zeittheile genommen wird.

In Fig. 30 sei MA die Anfangsgeschwindigkeit v_0 und ML die Richtung der Kraft P_0. MB sei ferner die auf der letztern abgetragene Geschwindigkeit $\frac{P_0}{m} \cdot \tau = p_0 \cdot \tau$, welche die Kraft P_0 dem Punkte M in der Zeit τ mittheilt. — p_0 soll nämlich die der Kraft P_0 zugehörige Beschleunigung bezeichnen.

Fig. 30.

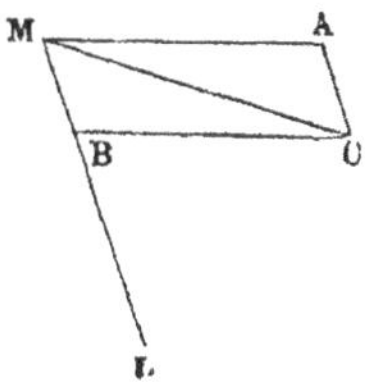

MC wird dann die Geschwindigkeit sein, welche der Punkt M zu Ende des ersten Zeittheiles τ besitzt. Sehen wir sodann $MC = v_1$ als Anfangsgeschwindigkeit im zweiten Zeittheile an, so können wir auf dieselbe Weise zur Kenntniss der Grösse und Richtung von den Geschwindigkeiten v_2, v_3 . . . kommen, welche M am Anfange des dritten, vierten . . . Zeittheiles τ besitzt.

Mit diesen Geschwindigkeiten ist aber die ganze Bewegung bekannt.

Nimmt man nämlich an, dass dieselben je durch einen Zeittheil τ constant bleiben, so wird die Bahn des Punktes M und die Art, wie er sich auf derselben bewegt, wie folgt gefunden.

Auf der Richtung MA, Fig. 31, der Geschwindigkeit v_0 trage man $MM_1 = v_0 . \tau$ ab. Dann wird der Punkt M in dem ersten Zeittheile τ den Weg MM_1 zurücklegen und sich nach demselben in M_1 befinden. An den Punkt M_1 trage man die Richtung M_1C der Geschwindigkeit v_1 und auf derselben soll MM_2 die Länge $v_1 . \tau$ vorstellen. Dann wird der Punkt M im zweiten Zeittheile nach M_2 gegangen sein, und so fort.

Fig. 31.

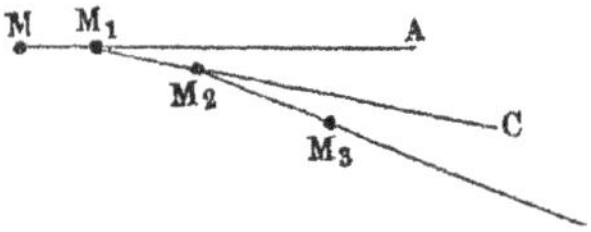

Lassen wir dann die Zeittheile τ immer kleiner und kleiner werden, so erhalten wir immer mehr und mehr die richtige Bewegung des Punktes M.

Man könnte meinen, dass wir die Bewegung eines Punktes auf diese Weise nur annähernd finden könnten. Dem ist aber nicht so.

Allerdings untersucht man zuerst die Eigenschaften der gedachten einfachern Bewegung. Sodann frägt man aber, welchen Ausdruck diese Eigenthümlichkeiten gewinnen, wenn man τ immer kleiner werden lässt, und kommt dadurch zu den Eigenschaften der wirklichen Bewegung, wie sich dies gerade bei den folgenden Betrachtungen zeigen wird.

20 **Tangential- und Centripetalkraft.** MA sei die Anfangsgeschwindigkeit v_0 und MG stelle die Grösse und Richtung nach der Kraft P_0 vor.

Man zerlege MG in die Kräfte $ME = P_0 \cos\alpha$ und $MF = EG = P_0 . \sin\alpha$. Von diesen beiden heisse die erstere nach der Anfangsgeschwindigkeit gerichtete Componente die Tangentialkraft, weil MD die Richtung der im Punkte M an die Bahn des Punktes M gezogenen Tangente ist. Die dazu senkrechte Kraft $P_0 \cos\alpha$ heisse Normalkraft. Diese beiden Kräfte ersetzen die Kraft P_0 vollständig.

Fig. 32.

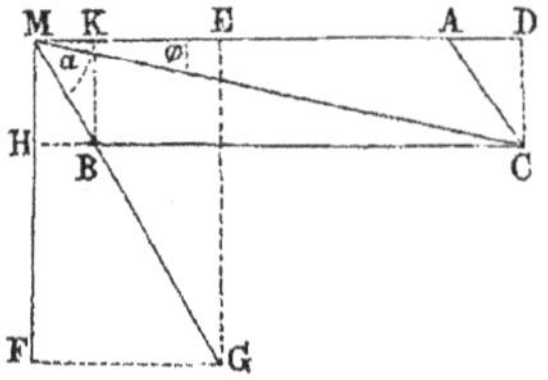

Desgleichen zerlege man die Geschwindigkeit $MB = p_0 . \tau$, welche P_0 dem Punkte M in der Zeit τ mittheilt, in die Geschwindigkeiten $MK = p_0 . \cos\alpha . \tau$ und $MH = p_0 . \sin\alpha . \tau$, welche dann diejenigen Geschwindigkeiten sind, welche die Tangential- und Normalkraft einzeln dem Punkte M mittheilen.

Ist ferner, wie früher, MC die Geschwindigkeit v_1 zu Ende des ersten Zeittheiles, zugleich Resultirende von $MA = v_0$ und $MB = p_0 . \tau$, und CD die von C auf MA gefällte Senkrechte, so hat man:

$$p_0 . \cos\alpha . \tau = MK = AD = MD - MA = v_1 \cos\varphi - v_0,$$
$$p_0 . \sin\alpha . \tau = MH = DC = v_1 . \sin\varphi.$$

Wenn τ eine sehr kleine Zeit ist, so wird die Linie MB, sowie der Winkel φ auch sehr klein sein.

Nun ist aber bei solchen Winkeln der Sinus dem Bogen proportional. Denken wir uns also φ nicht in Graden, sondern in Theilen von 2π ausgedrückt, so kann man geradezu für $sin\,\varphi$ φ selbst schreiben.

Ferner darf man sich bei dieser kleinen Zahl $sin\,\varphi$ erlauben, das Quadrat derselben zu vernachlässigen, das heisst für $cos\,\varphi = \sqrt{1 - sin^2\varphi}$ geradezu 1 zu setzen.

Dann werden jene beiden Formeln:

1) $$p_0 \cos\alpha \,.\, \tau = v_1 - v_0,$$

2) $$p_0 \sin\alpha \,.\, \tau = v_1 \,.\, \varphi.$$

Würde nun die Tangentialkraft $p_0 \,.\, cos\,\alpha$ allein auf M wirken, so erführe die Richtung der Geschwindigkeit gar keine Veränderung. Die Geschwindigkeit zu Ende des Zeittheiles τ wäre dann eben $v_0 + p_0 \cos\alpha \,.\, \tau$. Denselben Werth erhält man aber für v_1 aus der Gleichung 1). Dies giebt den Satz:

Die Zunahme der Geschwindigkeit bei einer krummlinigen Bewegung und dadurch auch die Grösse des in einer beliebigen Zeit zurückgelegten Weges hängen nur von der Tangentialkraft allein ab. Mit anderen Worten:

Denkt man sich einen Punkt M' auf MA in Bewegung, so dass er mit der Anfangsgeschwindigkeit v_0 behaftet ist und von einer Kraft getrieben wird, deren Richtung mit der Anfangsgeschwindigkeit zusammenfällt und deren Grösse in jedem Augenblicke die Tangentialcomponente derjenigen Kraft ist, welche die Bewegung des Punktes M hervorbringt, so haben die Punkte M und M' nach der Zeit t Geschwindigkeiten von gleicher Grösse erreicht und in dieser Zeit gleich grosse Wege zurückgelegt.

Um die Gleichung 2) zu interpretiren, denke man sich durch die Punkte M, M_1, M_2, in welchen sich der bewegte Punkt zu Anfang der drei ersten Zeittheile τ befindet, einen Kreis gelegt, Fig. 33.

Fig. 33.

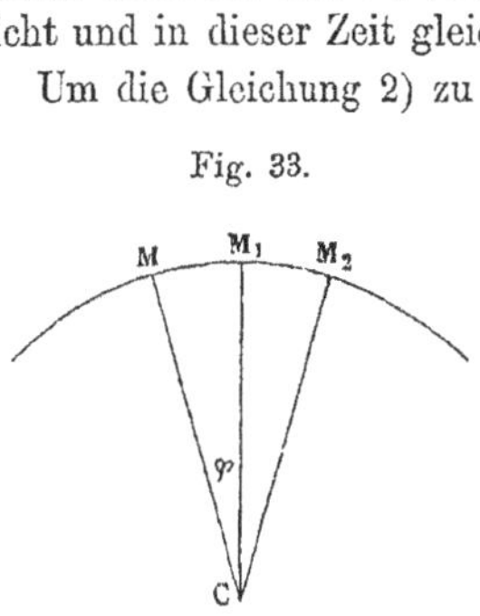

Wenn die Zeitdauer sehr klein ist, welche Bedingung ja auch zum Bestehen der Gleichungen 1) und 2) nöthig ist, so wird sich dieser Kreis zwischen den Punkten M und M_2 sehr eng an die vom bewegten Punkte wirklich beschriebene Curve anschliessen. MM_1 und $M_1 M_2$ sind dann offenbar auch die Richtungen der beiden Tangenten, welche in den aufeinander folgenden Punkten M und M_1 an den Kreis gelegt werden können. Der Winkel zwischen diesen Tangenten ist der Winkel φ.

Wenn man aber an zwei Punkte eines Kreises Tangenten zieht, so ist der Winkel zwischen diesen so gross, wie der Winkel der zu den Berührungspunkten dieser Tangenten zugehörigen Radien. Ist also C der Mittelpunkt des durch $MM_1 M_2$ gelegten Kreises ($MC = M_1 C = M_2 C = r$), so ist der Winkel $MCM_1 = \varphi$. Der in Theilen von 2π ausgedrückte Winkel φ wird daher erhalten, wenn man den Bogen MM_1 durch den Radius r dividirt. MM_1 ist aber gleich $v_0 . \tau$, also hat man:

$$\frac{v_0 . \tau}{r} = \varphi.$$

Führt man diesen Werth in 2) ein, so erhält man:

$$p_0 . \sin \alpha . \tau = \frac{v_1 . v_0 . \tau}{r}$$

$$p_0 . \sin \alpha = \frac{v_1 . v_0}{r}$$

$$= \frac{\{v_0 + (v_1 - v_0)\} v_0}{r}$$

$$= \frac{v_0{}^2}{r} + \frac{v_0 (v_1 - v_0)}{r}.$$

Nun ist aber $v_1 - v_0$ eine sehr kleine Zahl und der zweite Summand kann deshalb dem ersten gegenüber vernachlässigt werden. Dann heisst die Gleichung

$$p_0 . \sin \alpha = \frac{v_0^2}{r};$$

multiplicirt man auf beiden Seiten mit m:

$$P_0 . \sin \alpha = m . \frac{v_0^2}{r}. \tag{3}$$

Dies ist eine Gleichung zwischen dem Radius r, der Normalkraft und der Geschwindigkeit in einem bestimmten Augenblicke. Jener Kreis, der durch drei auf einander folgende Punkte der Curve geht und sich der Curve in der Nachbarschaft jener Punkte möglichst anschliesst, heisst der Krümmungskreis der Curve im Punkte M. Er bildet nämlich ein Maass für die Krümmung der Bahncurve in M. Die Krümmung derselben ist um so stärker, je kleiner der Radius r ist, welcher auch der Krümmungsradius der Curve in M heisst.

Die Gleichung 3) bestimmt aber diesen Krümmungsradius:

$$r = \frac{m \cdot v_0^2}{P_0 \cdot sin\alpha},$$

und wir sehen hieraus, dass die Krümmung der Bahncurve in einem bestimmten Punkte ausser von der Geschwindigkeit des Punktes nur von der Normalkraft abhängt.

Wenn beispielsweise die Tangentialkraft gleich 0 ist und die Normalkraft constant bleibt, so wird der Gleichung 1) zufolge die Geschwindigkeit sich immer gleich bleiben, und aus 3) sehen wir, dass auch r den gleichen Werth behält. Der Punkt bewegt sich dann gleichförmig auf einem Kreise.

**Erhaltung der Flächenräume bei einer Centralbe- 21
wegung.** Bei den bisherigen Betrachtungen haben wir uns gedacht, dass die den materiellen Punkt treibende Kraft während eines Zeittheiles τ dieselbe bliebe, wie sie am Anfang desselben war. Sodann haben wir bemerkt, dass, wenn man die Dauer der Zeittheile τ immer kleiner werden lässt, diese substituirte Bewegung mit der ursprünglichen nach und nach zusammenfalle.

Es ist klar, dass mit der Annahme, dass die Kraft während eines Zeittheiles τ die gleiche Grösse und Richtung haben soll, wie sie dieselben eigentlich erst am Ende des Zeittheiles erreicht, das nämliche Resultat gewonnen würde.

Diese letztere Annahme wollen wir nun für die folgende Betrachtung machen.

M sei der Ort des bewegten Punktes zu einer gewissen Zeit, Fig. 34. MA die Richtung der Geschwindigkeit v_0 des Punktes

Fig. 34.

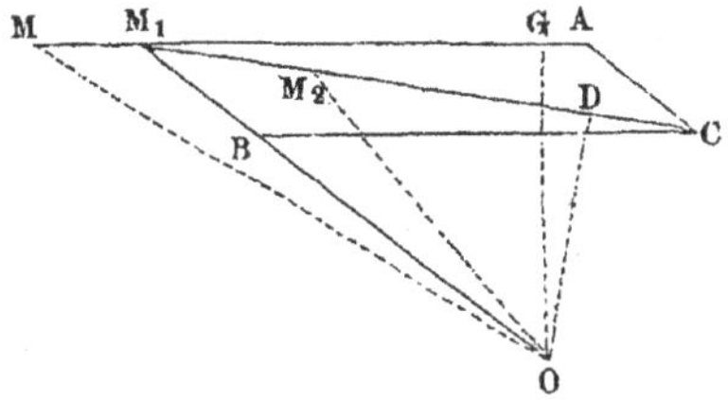

zu derselben Zeit. $MM_1 = v_0 \cdot \tau$ der in dem darauf folgenden Zeittheil τ zurückgelegte Weg. Man trage die Grösse der Geschwindigkeit v_0 an den Punkt M_1 an, sie sei $M_1 A$. $M_1 O$ sei nun die Richtung der Kraft P_1 zu Ende des Zeittheils τ und $p_1 \tau = \frac{P_1}{m} \cdot \tau = M_1 B$ die Geschwindigkeit, welche dieselbe dem Punkte M in der Zeit τ mittheilt, unter der Annahme, dass sie in dem ganzen Zeittheile τ dieselbe Grösse und Richtung gehabt habe.

Dann ist die Geschwindigkeit $M_1 C = v_1$, welche der Punkt nach dem ersten Zeittheile τ, in welchem er nach M_1 gekommen ist, besitzt, die Resultirende von $M_1 A$ und $M_1 B$.

Nun hat man:

$$v_0 : v_1 = M_1 A : M_1 C = \sin C M_1 B : \sin A M_1 B.$$

Fällt man ferner von einem beliebigen Punkte O der Kraftrichtung die Senkrechten OD und OG auf die beiden Geschwindigkeiten, so hat man auch

$$OD : OG = \sin C M_1 B : \sin A M_1 B,$$

also aus beiden Gleichungen:

1) $$v_1 : v_0 = OG : OD$$

oder:

2) $$v_0 . OG = v_1 . OD.$$

Das Product einer Geschwindigkeit in die von einem Punkte O auf sie gefällte Senkrechte heisst auch Moment der Geschwindigkeit in Beziehung auf den Punkt O.

Die Geschwindigkeiten verhalten sich umgekehrt wie die von einem beliebigen Punkte O der Kraftrichtung auf dieselben gefällten Senkrechten.

Wenn nun die Richtung der Kraft bei der ganzen Bewegung durch einen bestimmten Punkt O geht, so gilt die obige Gleichung 2) von einem Momente zum andern. Sie gilt also auch für einen beliebigen Zeitintervall, das heisst:

Befindet sich der Punkt zur Zeit t in M mit der Geschwindigkeit MA und zur Zeit t' in M_1 mit der Geschwindigkeit $M_1 B$, so ist

$$MA . OG = M_1 C . OD,$$

sobald die Kraft, welche bei dieser Bewegung wirkt, immer durch den Punkt O geht. (Man nennt dann eine solche Bewegung eine Centralbewegung.) Bezeichnen wir die beiden Senkrechten OD und OG mit p_0 und p sowie MA und $M_1 B$ mit v_0 und v, so heisst die Gleichung

3) $$v_0 . p_0 = v . p$$

4) $$\frac{v_0}{v} = \frac{p}{p_0}.$$

Die Geschwindigkeiten verhalten sich also nach beliebigen Zeiten umgekehrt wie die von O auf sie gefällten Senkrechten.

Die Gleichung 3) sagt aus, dass die Momente der Geschwindigkeiten in Bezug auf O immer gleich bleiben.

Um dieses Resultat noch in etwas anderer Weise auszusprechen, multipliciren wir die Gleichung 3) auf beiden Seiten mit $\frac{\tau}{2}$

5) $$\frac{v_0 \tau}{2} \cdot OG = \frac{v_1 \tau}{2} \cdot OD.$$

$v_0 \tau$ und $v_1 \tau$ sind aber die Wege MM_1 und $M_1 M_2$, Fig. 34, welche der Punkt in zwei auf einander folgenden Zeittheilen τ zurücklegt. Also heisst die Gleichung 5):

$$\frac{MM_1 . OG}{2} = \frac{M_1 M_2 . OD}{2}.$$

Diese beiden Ausdrücke sind aber nichts anderes als die Flächeninhalte der Dreiecke OMM_1 und $OM_1 M_2$.

Wenn nun, wie im Vorigen wieder angenommen wird, die Kraft immer durch denselben Punkt O geht, so nennt man die Linie von O nach dem Orte M oder M_1 etc. des bewegten Punktes, den Radius vector. Jene beiden gleich grossen Dreiecke sind also die Dreiecke, welche der Radius vector in zwei aufeinander folgenden Zeittheilen durchstreicht.

Diese Flächenräume sind bei einer Centralbewegung gleich in je zwei auf einander folgenden Zeittheilen τ.

Also findet dies auch statt in zwei Zeiten, welche aus gleich vielen solchen Theilen τ zusammengesetzt und deshalb gleich gross sind. Hierin besteht das Princip der Erhaltung der Flächenräume:

Fig. 35.

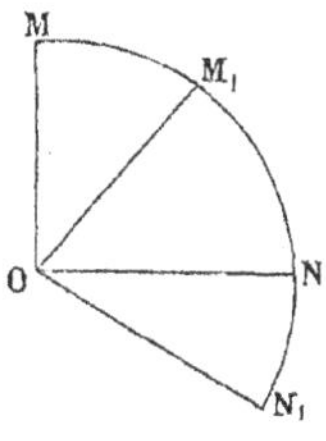

Beschreibt ein Körper unter dem Einfluss einer fortwährend durch O gehenden Kraft in einer Zeit t das Bahnstück MM_1, Fig. 35, und später in der gleichen Zeit das andere Bahnstück NN_1, so sind die Inhalte der vom Radius vector durchstrichenen Sectoren OMM_1 und ONN_1 einander gleich.

Lebendige Kraft. Wenn man aus den beiden Gleichungen 22
für die gleichförmig beschleunigte Bewegung:

$$v = v_0 + p \cdot t,$$

$$s = v_0 \cdot t + \frac{p}{2} \cdot t^2,$$

die Zeit t eliminirt, so erhält man:

$$\frac{v^2 - v_0^2}{2} = p \cdot s.$$

Multiplicirt man auf beiden Seiten mit der Masse, so ergiebt sich, weil $p \cdot m = P$ ist:

1) $$\frac{m}{2}(v^2 - v_0^2) = Ps,$$

eine oft benutzte Gleichung zwischen der Endgeschwindigkeit und dem zurückgelegten Wege.

Das Product der Kraft P von constanter Grösse und Richtung, welche letztere mit der Richtung der Anfangsgeschwindigkeit zusammenfällt, mit dem durchlaufenen Wege heisst die Arbeit, welche von der Kraft in der Zeit t geleistet worden ist.

Das Quadrat der Geschwindigkeit des bewegten Punktes multiplicirt mit der halben Masse, heisst die lebendige Kraft, welche derselbe zu der fraglichen Zeit besitzt.

Die Gleichung 1) sagt also aus, dass der Unterschied der lebendigen Kraft zu Anfang und Ende der Zeit t der während dieser Zeit von der Kraft geleisteten Arbeit gleich ist.

Wenn aber eine Kraft, deren constante Richtung mit derjenigen der Anfangsgeschwindigkeit zusammenfällt, in ihrer Grösse sich fortwährend ändert, so theile man die Zeit t der Bewegung wieder in eine Anzahl von Theilen mit der Dauer τ ein, während welcher man annimmt, dass die Kräfte die Grösse behalten, welche sie am Anfange der Zeittheile hatten. Dann werden diese Bewegungen in den Zeittheilen τ gleichförmig beschleunigte sein.

Sind nun $v_0, v_1, v_2 \ldots$ und $P_0, P_1, P_2 \ldots$ die Geschwindigkeiten und Kräfte zu Anfang des ersten, zweiten, dritten ... Zeittheiles τ und $\sigma_0, \sigma_1, \sigma_2 \ldots$ die in denselben Zeiten zurückgelegten Wege, so gelten, wenn man mit v und v_n die Geschwindigkeiten am Ende der Zeit t und des vorletzten Zeittheiles τ bezeichnet, für jene gleichförmig beschleunigten Bewegungen, mit welchen wir die wirkliche Bewegung ersetzt haben, die Formeln

$$\frac{m}{2}(v_1^2 - v_0^2) = P_0 . \sigma_0,$$

$$\frac{m}{2}(v_2^2 - v_1^2) = P_1 . \sigma_1,$$

$$\frac{m}{2}(v_3^2 - v_2^2) = P_2 . \sigma_2,$$

. . . .

$$\frac{m}{2}(v - v_n) = P_n . \sigma_n.$$

Zählt man alle diese Gleichungen zusammen, so kommt heraus:

$$2) \qquad m\,\frac{v^2 - v_0^2}{2} = P_0\,\sigma_0 + P_1\,\sigma_1 + P_2\,\sigma_2\,\ldots\,P_n\,\sigma_n.$$

Nun fällt aber unsere aus einzelnen gleichförmig beschleunigten Bewegungen zusammengesetzte Bewegung mit der ursprünglich angenommenen nach und nach zusammen, wenn man die Dauer τ immer kleiner nimmt. Dann wird also v die wirkliche Endgeschwindigkeit nach der Zeit t und die Summe rechts besteht dann aus unendlich vielen und zugleich unendlich kleinen Gliedern. Diese Summe, welche trotzdem den ganz bestimmten Werth $\frac{m(v^2 - v_0^2)}{2}$ hat, wird die in der Zeit t von der veränderlichen Kraft geleistete Arbeit genannt, so dass die Gleichung 2) in Worten gerade so ausgesprochen wird wie 1).

Wenn man die Zeittheile, in welche t zerlegt wird, verschieden nimmt, so kommt man doch auf die richtige Bewegung, wenn dieselben zuletzt alle kleiner und kleiner werden. Dies kommt aber offenbar darauf hinaus, dass die Wege σ_0, $\sigma_1 \ldots \sigma_n$ beliebig angenommen werden dürfen, wenn sie nur ebenfalls alle unendlich klein sind.

Für die Bildung der Gleichung 2) gilt also die Regel:

Man theile also den Weg, welchen M in der Zeit t durchläuft, in eine Anzahl Theile $\sigma_0, \sigma_1, \sigma_2 \ldots \sigma_n$, die nicht gleich zu sein brauchen. Sind dann $P_0, P_1 \ldots P_n$ die Werthe der Kraft, wie sie zu den Zeiten auf M wirkt, in welchen dieser Punkt jeweils am Anfange der Wege σ_0, $\sigma_1 \ldots \sigma_n$ sich befindet, und bildet man die Summe

$$P_0\,\sigma_0 + P_1\,\sigma_1 + P_2\,\sigma_2\,\ldots\,P_n\,\sigma_n,$$

so nähert sich dieselbe immer mehr dem Werthe

$$m\,\frac{(v^2-v_0^2)}{2},$$

je kleiner man die Wege $\sigma_0, \sigma_1, \sigma_2 \ldots \sigma_n$ nimmt.

Ist aber die Bewegung eine krummlinige, bei welcher die Richtungen der Kraft und der Geschwindigkeit nicht zusammenfallen, so gilt die nämliche Gleichung, wenn man in jedem Punkte statt der ganzen Kraft $P_0, P_1, P_2 \ldots P_n$ immer die Tangentialkraft $T_0, T_1 \ldots T_n$ nimmt (20).

Fig. 36.

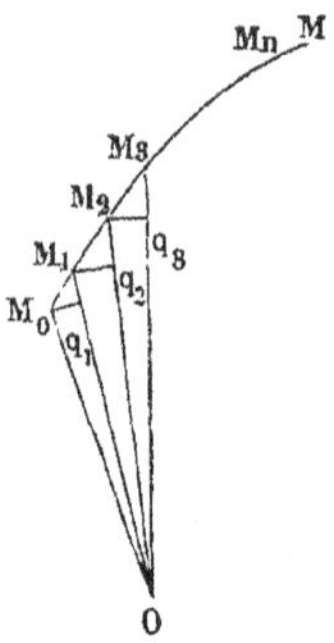

Zu diesem letztern Falle betrachten wir ein Beispiel, wie es die Planetenbewegung liefert.

M_0M, Fig. 36, sei die Bahn eines materiellen Punktes, der durch eine Kraft getrieben wird, welche ihn immer nach dem festen Punkte O hinzieht. Die Grösse der Kraft soll umgekehrt proportional sein mit dem Quadrate der Entfernung.

Nennen wir die Kraft, mit welcher der Punkt in der Entfernung 1 von O angezogen wird, k und bezeichnen wir der Kürze halber die Länge der Linien OM_0, OM_1, $M_2 \ldots OM_n$, OM mit $r_0, r_1\ r_2 \ldots r_n, r$, so sind die Kräfte, mit welchen der Punkt in den Orten $M, M_1, M_2 \ldots M_n$ (deren Entfernung wir als sehr klein annehmen wollen) angezogen wird:

$$\frac{k}{r_0^2}, \frac{k}{r_1^2}, \frac{k}{r_2^2} \cdots \frac{k}{r_n^2}.$$

Ferner sollen die Winkel M_1M_0O, M_2M_1O, $M_3M_2O \ldots$ mit $\alpha_0, \alpha_1, \alpha_2 \ldots$ bezeichnet werden.

Dann sind die Tangentialkräfte in den bezeichneten Punkten:

$$\frac{k.\cos\alpha_0}{r_0^2}, \frac{k.\cos\alpha_1}{r_1^2}, \frac{k.\cos\alpha_2}{r_2^2} \cdots \frac{k.\cos\alpha_n}{r_n^2}.$$

Und die von der Tangentialkraft auf dem Wege M_0M geleistete Arbeit ist:

$$k\left\{\frac{\cos\alpha_0 . M_0M_1}{r_0^2} + \frac{\cos\alpha_1 . M_1M_2}{r_1^2} + \frac{\cos\alpha_2 . M_2M_3}{r_2^2} \cdots + \frac{\cos\alpha_n . M_nM}{r_n^2}\right\}.$$

Nun ist

$$M_0M_1 \cos\alpha_0 = -M_1q_1 = -(OM_1 - Oq_1)$$
$$M_1M_2 \cos\alpha_1 = -M_2q_2 = -(OM_2 - Oq_2)$$
$$M_2M_3 \cos\alpha_2 = -M_3q_3 = -(OM_3 - Oq_3)$$

. . . .

Die kleinen Linien $M_0 q_1$, $M_1 q_2$, $M_2 q_3$ ... können als Stückchen vom Kreisbogen betrachtet werden, welche um O als Mittelpunkt mit den Radien OM_0, OM_1, OM_2 ... beschrieben sind. In Folge dessen hat man:

$$OM_0 = Oq_1, \quad OM_1 = Oq_2, \quad OM_2 = Oq_3$$

und daher

$$\begin{aligned} M_0 M_1 \cos\alpha_0 &= -(r_1 - r_0) \\ M_1 M_2 \cos\alpha_1 &= -(r_2 - r_1) \\ &\ldots\ldots\ldots\ldots \\ M_{n-1} M_n \cos\alpha_{n-1} &= -(r_n - r_{n-1}) \\ M_n M \cos\alpha_n &= -(r - r_n). \end{aligned}$$

Die geleistete Arbeit ist also

$$-k\left\{\frac{r_1 - r_0}{r_0^2} + \frac{r_2 - r_1}{r_1^2} + \frac{r_3 - r_2}{r_2^2} \cdots + \frac{r_n - r_{n-1}}{r_{n-1}^2} + \frac{r - r_n}{r_n^2}\right\}.$$

Hier sind die Grössen $r_1 - r$, $r_2 - r$, $r_3 - r$ ... unendlich klein zu nehmen, aber ihre gegenseitigen Verhältnisse sind beliebig, denn man kann ja offenbar die Bahnelemente $M_0 M_1$, $M_1 M_2$ ... so gross wählen, dass ihre Projectionen $M_1 q_1$, $M_2 q_2$, $M_3 q_3$ auf die Radien OM_1, OM_2, OM_3 beliebig gross sind.

Wir dürfen also setzen:

$$r_1 = r_0 . e,\ r_2 = r_0 . e^2,\ \ r_3 = r_0 . e^3 \ldots r_n = r_0 . e^n,\ \ r = r_0 . e^{n+1},$$

und erhalten immer genauer den wirklichen Werth der geleisteten Arbeit, wenn wir nach Ausrechnung jener Summe e immer mehr der Zahl 1 sich nähern lassen.

Die Summe ist aber:

$$-k\left\{\frac{r_0(e-1)}{r_0^2} + \frac{r_0(e-1)e}{r_0^2 e^2} + \frac{r_0(e-1)e^2}{r_0^2 e^4} \cdots \frac{r_0(e-1)e^n}{r_0^2 e^{2n}}\right\}$$

$$= -\frac{k(e-1)}{r_0}\left(1 + \frac{1}{e} + \frac{1}{e^2} \cdots \frac{1}{e^n}\right) = -\frac{k(e-1)}{r_0} \cdot \frac{\frac{1}{e^{n+1}} - 1}{\frac{1}{e} - 1}$$

$$= +\frac{k . e}{r_0}\left(\frac{1}{e^{n+1}} - 1\right)$$

und da $e^{n+1} = \frac{r}{r_0}$ ist:

$$\frac{k \, . \, e}{r_0} \cdot \left(\frac{r_0}{r} - 1\right) = e \, . \, k \, . \left(\frac{1}{r} - \frac{1}{r_0}\right).$$

Setzt man hier $e = 1$, so erhält man den Werth $k\left(\frac{1}{r} - \frac{1}{r_0}\right)$ der Arbeit und es gilt demnach die Gleichung:

$$m \, \frac{v^2 - v_0^2}{2} = k\left(\frac{1}{r} - \frac{1}{r^0}\right).$$

Dritter Abschnitt.

Die Centralbewegung nach dem Newton'schen Anziehungsgesetze.

Die Kepler'schen Gesetze. Im Jahre 1609 machte Kepler in seinem Werke: *De motibus stellae Martis* die drei nach ihm benannten Gesetze über die Bewegung der Planeten bekannt. 23

Dieselben heissen:

1. Die Planeten beschreiben in ihrer Bewegung in Bezug auf die Sonne ebene Curven, und ihre nach dem Mittelpunkte der Sonne gezogenen Radien beschreiben Flächenräume, welche der Zeit proportional sind.
2. Die Planetenbahnen sind Ellipsen, in deren einem Brennpunkte der Mittelpunkt der Sonne ist.
3. Die Quadrate der Umlaufszeiten der Planeten um die Sonne sind den Würfeln der grossen Achsen ihrer Bahnen proportional.

Diese Gesetze haben sich Kepler aus den Beobachtungen des Astronomen Tycho de Brahe gleichsam aufgedrängt, während er bemüht war, dieselben mit den älteren Hypothesen in Einklang zu bringen. Er hatte durchaus keinen theoretischen Grund, diese Gesetze zu vermuthen, vielmehr that es ihm ernstlich leid, die frühere Theorie der Kreisbewegung, welche man damals durch viele philosophische und metaphysische Gründe gestützt hatte, verlassen zu müssen.

Das erste Gesetz ist kein anderes als dasjenige, welches in 20 für jede Centralbewegung ausgesprochen worden ist. Wenn nämlich in einer solchen Bewegung, wie es dort heisst, in gleichen Zeiten von dem Radius vector gleiche Flächenräume durchstrichen werden, so sind auch die von demselben in verschiedenen Zeiten durchstrichenen Flächenräume diesen Zeiten proportional.

Dies Gesetz könnte auch nach 20 so ausgesprochen werden:

Wenn man auf die Richtungen der Geschwindigkeiten der Planeten in zwei verschiedenen Punkten der Bahn von dem Mittelpunkt der Sonne aus senkrechte Linien zieht, so verhalten sich die Geschwindigkeiten umgekehrt, wie die dazu gehörigen Senkrechten.

Dieses Gesetz erkannte Kepler zuerst für die Endpunkte der grossen Achse der Erdbahn, für welche Punkte ja die Leitstrahlen mit den auf die Tangenten gefällten Senkrechten zusammenfallen, und er vermuthete sofort seine allgemeine Geltung. Doch behandelte er dasselbe anfangs nur als eine Hypothese zur Erleichterung seiner Rechnungen.

Wenn man den Beweis in 20 aufmerksam betrachtet, so wird man sogleich einsehen, dass der für die Centralbewegung bewiesene Satz über die Flächenräume auch umgekehrt werden kann.

Wenn nämlich bei einer Bewegung dieser Satz in Beziehung auf einen Punkt O gilt, so geht die Kraft, unter deren Einfluss die Bewegung vor sich geht, immer durch den Punkt O.

Man kann also aus dem ersten Kepler'schen Gesetze schliessen, dass die Kraft, welche auf den Planeten wirkt, alle Zeit durch den Mittelpunkt der Sonne geht.

Aus dem zweiten und dritten Gesetze zusammen kann man aber weiter schliessen, dass die Kraft, welche auf den Planeten wirkt, umgekehrt proportional sei mit der Entfernung von Planet und Sonne, und zwar auf folgende Weise:

Die elliptischen Bahnen der Planeten haben lauter verschiedene zum Theil sehr kleine Excentricitäten, sie sind von Kreisen sehr wenig verschieden.

Man ist deshalb zu dem Schlusse berechtigt, dass nach dem Anziehungsgesetze, welches aus den Kepler'schen Gesetzen geschlossen werden soll, auch vollkommene Kreisbewegungen möglich sein müssen, bei welchen eben die Excentricität gerade den Werth Null hat.

Denken wir uns also zwei Planeten, die nach den Kepler'-

schen Gesetzen sich in Kreisen mit den Radien r und R in den Zeiten t und T um die Sonne bewegen.

Nach dem dritten Kepler'schen Gesetze findet dann die Proportion statt

1) $$\frac{t^2}{T^2} = \frac{r^3}{R^3}.$$

Wenn aber die Radien dieser Planeten in gleicher Zeit gleiche Flächenräume durchstreichen, so müssen sie sich gleichförmig auf ihren Kreisen bewegen mit den Geschwindigkeiten

2) $$v = \frac{2\pi r}{t},$$

3) $$V = \frac{2\pi R}{T}.$$

Die Kraft, unter deren Einfluss eine gleichförmige Kreisbewegung ausgeführt wird, ist aber nach 20 eine Centripetalkraft, welche für die beiden Planeten die Werthe

4) $$k = \frac{v^2}{r} = \frac{4\pi^2 r}{t^2}$$

und

5) $$K = \frac{V^2}{R} = \frac{4\pi^2 R}{T^2}$$

hat. Daraus ergiebt sich die Proportion:

6) $$k:K = \frac{r}{t^2} : \frac{R}{T^2}.$$

Aus 1) erhält man aber

$$\frac{r}{t^2} : \frac{R}{T^2} = R^2 : r^2,$$

also

7) $$k:K = R^2 : r^2.$$

Die Kraft, welche auf die Planeten wirkt, verhält sich umgekehrt wie das Quadrat ihrer Entfernung von der Sonne.

Diese Schlüsse wurden aber aus den Kepler'schen Gesetzen nicht sogleich nach ihrer Entdeckung gezogen. Zu derselben Zeit wurden nämlich erst die Grundlagen zu einer wissenschaftlichen Mechanik gelegt. Die allgemeine Theorie der Bewegung hat Galilei im Jahre 1638 ausgesprochen, und erst 85 Jahre später entdeckte Newton das allgemeine Gravitationsgesetz, welches folgendermaassen ausgesprochen werden kann:

Die kleinsten Theile der Körper ziehen sich mit einer Kraft

an, welche ihren Massen direct und dem Quadrate ihrer Entfernung ungekehrt proportional ist.

Bezeichnet man mit m und m_1 die Massen zweier Moleküle und mit r ihre Entfernung, so ist die Kraft, mit der sie sich anziehen

$$\mu \cdot \frac{m . m'}{r^2}.$$

μ ist hier ein constanter Factor. Sind die beiden Massen gleich 1 und die Entfernung ebenfalls 1, so hat die anziehende Kraft die Grösse μ selbst.

μ ist also die Kraft, mit welcher sich zwei Masseneinheiten in der Entfernung 1 von einander anziehen.

Die anziehende Kraft zwischen zwei Körpern ist die Resultirende von allen einzelnen Anziehungskräften zwischen den Molekülen der beiden Körper.

Wenn es sich um die Anziehung zwischen der Sonne und einem Planeten handelt, so kann man, weil die Dimensionen dieser Körper gegen ihre Entfernungen sehr klein sind, dieselben als Punkte ansehen. Ist M die Masse der Sonne und m die Masse des Planeten, so ist die anziehende Kraft, welche auf beide Körper wirkt:

$$\mu . \frac{m . M}{r^2}.$$

Der Planet erfährt demnach die nach der Sonne gerichtete Beschleunigung

$$\frac{\mu . M}{r^2}$$

und die Sonne ist der Beschleunigung

$$\frac{\mu . m}{r^2}$$

unterworfen.

Weil aber die Masse des Planeten gegen diejenige der Sonne verschwindend klein ist, so kann man die Sache so ansehen, als ob die Sonne stillstände und der Planet mit der Beschleunigung $\frac{\mu M}{r^2}$ um den festen Mittelpunkt der Sonne sich bewegte.

Unter dieser Annahme wollen wir uns fragen, welche Bewegung der Planet machen muss, und wir werden als Resultat dieser Untersuchung die Kepler'schen Gesetze wieder finden.

Freilich entsprechen diese einfachen Annahmen der Wirklichkeit nicht vollkommen. Ein Planet ist nicht nur der Einwirkung der Sonne, sondern auch derjenigen aller anderen Planeten unterworfen. Die letztere bewirkt die sogenannten Störungen der Planetenbewegung und alterirt die Kepler'schen Gesetze ein wenig.

Die Centralbewegung nach dem Newton'schen Gravitationsgesetz. Es sei nun folgende Aufgabe gestellt: 24

Ein materieller Punkt M befinde sich in einem bestimmten Augenblicke in M_0, Fig. 37, und habe eine Geschwindigkeit v_0, welche der Richtung und Grösse nach durch $M_0 N$ ausgedrückt ist. Derselbe werde von einer Kraft nach O gezogen, welche umgekehrt proportional ist mit dem Quadrate der Entfernung. Man soll die Bewegung dieses Punktes untersuchen.

Fig. 37.

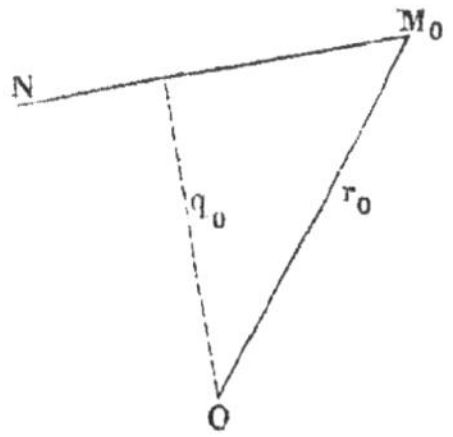

Der Radius vector OM_0 des Punktes M_0 werde mit r_0 bezeichnet, sowie die von O auf die Richtung der Geschwindigkeit v_0 gefällte Senkrechte mit q_0. Befindet sich dann der Punkt nach der Zeit t in einem Punkte M, so sollen die analogen Grössen für diesen Zeitpunkt mit v, r, q bezeichnet werden.

Es gilt dann von dieser Bewegung der Satz:

$$v_0 q_0 = v \cdot q,$$

oder, wenn man diese constante Zahl mit β bezeichnet,

$$1) \qquad v \cdot q = \beta.$$

Ferner gilt auch der Satz von der lebendigen Kraft

$$\frac{m(v^2 - v_0^2)}{2} = k\left(\frac{1}{r} - \frac{1}{r_0}\right),$$

wo k die Kraft bedeutet, mit welcher der materielle Punkt nach O angezogen wird, wenn er sich in der Entfernung 1 von diesem Punkte befindet.

Der Einfachheit halber wollen wir auch annehmen, dass $m = 1$ sei. Dann ist k zugleich die Beschleunigung, welche die anziehende Kraft dem in der Entfernung 1 von O befindlichen Punkte M ertheilen würde.

Aus den Gleichungen, welche wir dann erhalten, ergeben sich

diejenigen für die Masse m, indem man einfach für k die Grösse $\frac{k}{m}$ setzt.

Die Gleichung der lebendigen Kraft kann man dann auch schreiben:

$$\frac{v^2}{2} = \frac{k}{r} + \left(\frac{v_0^2}{2} - \frac{k}{r_0}\right),$$

und wenn die eingeklammerte Grösse mit α bezeichnet wird:

$$2) \qquad \frac{v^2}{2} = \frac{k}{r} + \alpha.$$

Man hat hier drei Fälle zu unterscheiden, in welchen α positiv, negativ oder 0 ist. Von diesen werden wir aber nur die beiden letzteren, welche die elliptische Bewegung der Planeten und die parabolische Bewegung der Cometen ergeben, in allen Einzelnheiten untersuchen.

25 **Parabolische Bahnen.** Der einfachste Fall ist der, in welchem $\alpha = 0$ ist. Für denselben heissen die beiden Gleichungen

$$1) \qquad v \,.\, q = \beta,$$

$$2) \qquad v^2 = \frac{2k}{r};$$

eliminirt man v aus ihnen, so kommt:

$$3) \qquad q^2 = r\,\frac{\beta^2}{2k}.$$

Dies ist eine charakteristische Eigenschaft der Bahncurve des Punktes M und drückt den Zusammenhang aus zwischen dem Radius vector eines Punktes der Curve und der Grösse der Senkrechten, welche man von O auf die Richtung der Geschwindigkeit in diesem Punkte, oder was dasselbe ist, auf die Tangente in demselben Punkte fällen kann.

1. Es soll nun im Folgenden gezeigt werden, dass durch jeden Punkt A der Ebene $O M_0 N_0$, dessen Entfernung OA von O der Bedingung:

$$4) \qquad r > \frac{\beta^2}{2k}$$

genügt, zwei Curven C_1 und C_2 gelegt werden können, welche der Gleichung 3) genügen.

Man ziehe um O als Mittelpunkt einen Kreis, dessen Radius

$a = \sqrt{OA \cdot \frac{\beta^2}{2k}}$ ist und lege von A aus die beiden Tangenten AA' und AA'' an denselben.

Dies ist nur dann möglich, wenn $\sqrt{OA \cdot \frac{\beta^2}{2k}}$ oder $\sqrt{r \frac{\beta^2}{2k}}$ kleiner als die Entfernung OA oder r ist, woraus dann die obige Bedingung

$$\frac{\beta^2}{2k} < r$$

entsteht.

Sodann wähle man auf AA' einen Punkt B sehr nahe an A und ziehe einen Kreis um O mit dem Radius $b = \sqrt{OB \cdot \frac{\beta^2}{2k}}$, der dann von dem Radius a nur wenig verschieden sein wird. Dann wird von den beiden Tangenten, die sich von B an diesen Kreis legen lassen, die eine BB' sich mit AA' unter einem sehr kleinen Winkel schneiden. Auf derselben wähle man wieder einen Punkt C, welcher sehr nahe an B gelegen ist. Von den beiden Tangenten, welche man von C an einen mit dem Radius $\sqrt{OC \cdot \frac{\beta^2}{2k}}$ um O beschriebenen Kreis ziehen kann, fällt wieder die eine CC' nahezu mit BB' zusammen. Auf derselben wähle man einen sehr nahe an C liegenden Punkt D und wiederhole nun die gemachten Operationen fortwährend.

Man kommt dann zu einem Vieleck $ABCD\ldots$ mit sehr kleinen Seiten. Denkt man sich aber die Punkte $A, B, C\ldots$ immer näher an einander angenommen, so geht das Vieleck nach und nach in eine stetig gekrümmte Curve über, mit welcher die

Fig. 33.

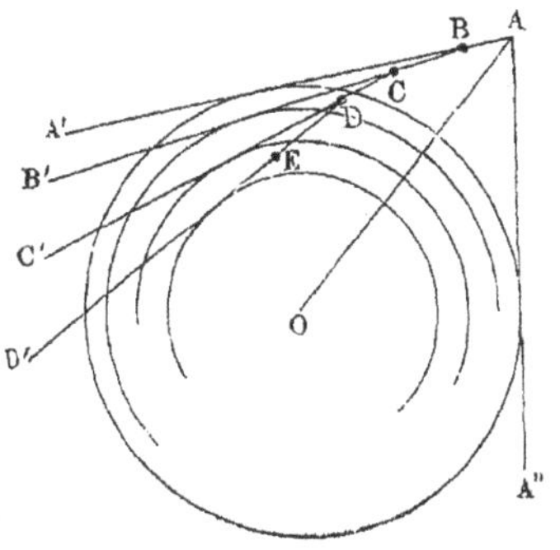

Linien AA', BB', CC' je zwei aufeinander folgende Punkte gemein haben. Diese Linien sind aber alsdann die Tangenten an die Curve in den Punkten A, B, C . . .

Zufolge den gemachten Constructionen genügen aber die auf jene Tangenten gefällten Senkrechten (die Radien der verschiedenen Kreise) und die zugehörigen Radien vectoren OA, OB, OC... der Curvenpunkte alle der in Gleichung 3) ausgesprochenen Bedingung.

$ABCD$... wird also zu der einen C_1 der beiden Curven werden, welche die Gleichung 3) erfüllen und durch den Punkt A gehen.

Die andere Curve C_2 wird gefunden, indem man von der Tangente AA'' an den zuerst beschriebenen Kreis ausgeht und die eben beschriebenen Constructionen für diesen Fall analog durchführt. Hiermit wäre also die Behauptung 1. bewiesen.

2. In Fig. 39 sei F der Brennpunkt einer Parabel und DG hre Leitlinie. Fällt man aus F eine Senkrechte FP auf eine

Fig. 39.

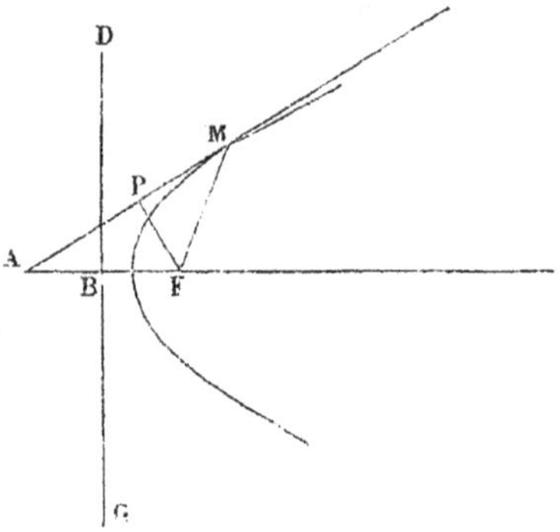

Tangente MA der Parabel, und nennt man dieselbe q, sowie r den Radius vector des Berührungspunktes M, den Parameter der Parabel aber p, so ist nach 10

$$q^2 = \frac{p}{2} \cdot r.$$

Nehmen wir nun O, Fig. 37 und 38, zum Brennpunkte irgend einer Parabel, deren Parameter p durch die Gleichung

$$\frac{p}{2} = \frac{\beta^2}{2k}$$

bestimmt ist, so genügen die Radien vectoren r der Parabelpunkte und die Senkrechten q, welche von O auf die Tangenten an die bezüglichen Punkte gefällt werden, der Gleichung

$$q^2 = \frac{p}{2} \cdot r = \frac{\beta^2}{2k} \cdot r,$$

welches die Gleichung 3) ist.

Wir sehen also:

Die Gleichung 3) wird erfüllt von allen Parabeln, welche O zum Brennpunkte haben und einen Parameter von der Grösse $\frac{\beta^2}{k}$ besitzen.

Durch jeden Punkt A der Ebene, deren Entfernung von O grösser als diejenige des Scheitelpunktes ist, gehen aber zwei solche Parabeln. Es sind dies diejenigen, welche AA' und AA'' zu Tangenten haben und nach Fig. 38 construirt werden können.

Die Bedingung, dass OA grösser sei als der halbe Parameter oder dass:

$$r > \frac{p}{2}$$

geht aber bei Einsetzung des Werthes von p in die Ungleichung 4) über, nämlich in:

$$r > \frac{\beta^2}{2k}.$$

Auf diese Weise hätten wir also dargethan, dass die zwei Curven C_1 und C_2, welche durch A gehen, zwei Parabeln sind mit dem Brennpunkte O und dem Parameter $\frac{\beta^2}{k}$.

Die Bahncurve des Punktes M, dessen Bewegung untersucht werden soll, ist also offenbar eine von den zwei Parabeln der genannten Art, welche durch M gehen und zwar diejenige, welche $M_0 N_0$ zur Tangente hat. Dass nämlich $M_0 N_0$ wirklich Tangente an eine von diesen beiden Parabeln ist, ersieht man aus der Gleichung

$$q_0^2 = r_0 \frac{\beta^2}{2k},$$

welche aus den beiden Gleichungen

$$v_0 q_0 = \beta,$$
$$v_0^2 - \frac{2k}{r_0} = \alpha = 0$$

durch Elimination von v_0 gefunden wird.

Wir sprechen dies schliesslich in dem Satze aus:

1. Die Bahn des Punktes M ist eine Parabel, welche durch M_0 geht, $M_0 N_0$ zur Tangente in M_0 und O zum Brennpunkte hat.
2. Dieselbe wird construirt nach **10**.
3. Sie hat den Parameter $\frac{\beta^2}{k}$.

26 **Elliptische Bahnen.** Gehen wir nun zu dem allgemeinern Falle über, in welchem die Constante α der Gleichung 2) in 24 nicht der Null gleich ist.

Die Gleichungen für diese Bewegungen waren

1) $$v \cdot q = \beta,$$

2) $$\frac{v^2}{2} = \frac{k}{r} + \alpha.$$

α und β waren die Werthe der Grössen $\frac{v_0^2}{2} - \frac{k}{r_0}$ und $v_0 \cdot q_0$, so dass auch die Gleichungen bestehen:

3) $$v_0 \cdot q_0 = \beta,$$

4) $$\frac{v_0^2}{2} = \frac{k}{r_0} + \alpha.$$

Man erhält hier durch Elimination von v aus den Gleichungen 1) und 2):

5) $$\frac{\beta^2}{2q^2} - \frac{k}{r} = \alpha.$$

Diese Gleichung stellt eine charakteristische Eigenschaft der Bahncurve des Punktes dar. Sie spricht eine Beziehung aus zwischen dem Radius vector eines Curvenpunktes und der Senkrechten, welche man von O auf die Tangente dieses Punktes fällen kann.

Wir nehmen nun an, dass die Constante α negativ sei. Bezeichnet man ihren absoluten Werth mit α', so heisst jetzt die Gleichung 2):

2a) $$\frac{v^2}{2} = \frac{k}{r} - \alpha'$$

und 5):

5a) $$\frac{k}{r} - \frac{\beta^2}{2q^2} = \alpha'.$$

In diesem Falle ist klar, dass der bewegte Punkt sich nicht in unendliche Ferne von O bewegen kann, denn für solche Orte würde r unendlich gross, $\frac{k}{r} = 0$ und somit $\frac{v^2}{2}$ der negativen Zahl $-\alpha'$ gleich. Die Geschwindigkeit selbst wäre also durch eine imaginäre Zahl ausgedrückt, was einen Widerspruch in sich enthält.

Der grösste Werth, welchen der Radius vector annehmen kann, ist demnach $\frac{k}{\alpha'}$. Für alle Werthe von r, welche kleiner sind als $\frac{k}{\alpha'}$, erhält man auch aus Gleichung 5a) reelle Werthe von q.

Man kann nun ganz analog, wie dies in 25 geschehen ist, zeigen, dass durch jeden Punkt A der Ebene, dessen Entfernung von O gewissen Bedingungen genügt, zwei Curven gehen, welche die Gleichung 5a) befriedigen. Der ganze Unterschied des jetzigen Beweises und des damaligen besteht darin, dass die Radien der verschiedenen zur Verwendung kommenden Kreise aus der Gleichung 5a) berechnet werden müssen, statt aus Gleichung 3) in 25.

Daraus ergeben sich dann auch andere Bedingungen für die Lage des Punktes A. Wenn nämlich OA mit r bezeichnet wird, so ist der Radius des ersten Kreises, an welchen von A aus Tangenten gelegt werden sollen, und den wir mit q bezeichnen, aus der Gleichung

$$\frac{k}{r} - \frac{\beta^2}{2q^2} = \alpha'$$

zu berechnen.

Nun muss, damit überhaupt an den Kreis von A aus Tangenten an den Kreis möglich sind, das berechnete q kleiner sein als r, oder q^2 kleiner als r^2

$$\frac{r\beta^2}{2(k - r\alpha')} < r^2,$$

woraus sich ergiebt:

6) $$2r^2\alpha' - 2rk + \beta^2 < 0.$$

Um zu untersuchen, wann dieser Ausdruck negativ ist, untersuchen wir zuerst, für welche Werthe von r derselbe 0 wird.

Zu dem Zwecke lösen wir die Gleichung

$$2r^2\alpha' - 2rk + \beta^2 = 0$$

auf und finden die beiden Wurzeln

a) $$r = \frac{k + \sqrt{k^2 - 2\beta^2\alpha'}}{2\alpha'}$$

b) $$r = \frac{k - \sqrt{k^2 - 2\beta^2\alpha'}}{2\alpha'}.$$

Wenn r negativ, aber seinem absoluten Werthe nach unendlich gross ist, so wird das erste Glied des Ausdrucks 6) positiv und überwiegt offenbar die anderen Glieder, so dass das Ganze positiv ist. Wird dann der Werth von r wachsen, also von $-\infty$ nach 0 und ins Positive übergehen, so kann der Ausdruck 6) nur negativ werden, indem er den Werth 0 überschreitet, was zum ersten Male stattfindet für den Werth von r, der unter b) verzeichnet ist. Dann bleibt er negativ, bis er wieder durch den Werth 0 hindurchgeht, was für den Werth von r, welcher unter a) angegeben ist, stattfindet. Hierauf wird dann der Ausdruck 4) wieder positiv um es fortwährend zu bleiben.

6) ist also nur negativ, wenn r zwischen den Werthen a) und b) enthalten ist.

Man wird also hier zu dem Resultat gelangen:

Durch jeden Punkt A der Ebene, dessen Entfernung $OA = r$ von O zwischen den Werthen a) und b) enthalten ist, gehen zwei Curven C_1 und C_2, welche der Gleichung 3a) genügen.

Anmerkung. Der Radicand $k^2 - 2\beta^2\alpha'$ in den Ausdrücken a) und b) muss positiv sein, über die daraus sich ergebende Bedingung zwischen den Constanten werden wir später zu reden Gelegenheit haben.

Auch durch den Punkt M_0, Fig. 37, gehen zwei solche Curven, von denen die eine $M_0 N_0$ zur Tangente hat (zufolge der Gleichungen 3) und 4)). Diese Curve ist eben die Bahn des bewegten Punktes.

Wir werden nun zeigen:

1. dass alle Ellipsen, welche O zum Brennpunkte haben und deren grosse Achse und Excentricität von ganz bestimmter Grösse ist, der Gleichung 5a) genügen;
2. dass durch jeden Punkt der Ebene, dessen Entfernung von O zwischen den Werthen a) und b) liegt, zwei solche Ellipsen gehen.

Aus 1) und 2) folgt dann offenbar, dass alle Curven, welche der Gleichung 5a) genügen und somit auch die Bahn des Punktes M eine Ellipse von den genannten Eigenschaften ist.

F und F', Fig. 40, seien die Brennpunkte einer Ellipse. Die grosse Achse derselben werde mit $2a$ und die Excentricität mit ε

Fig. 40.

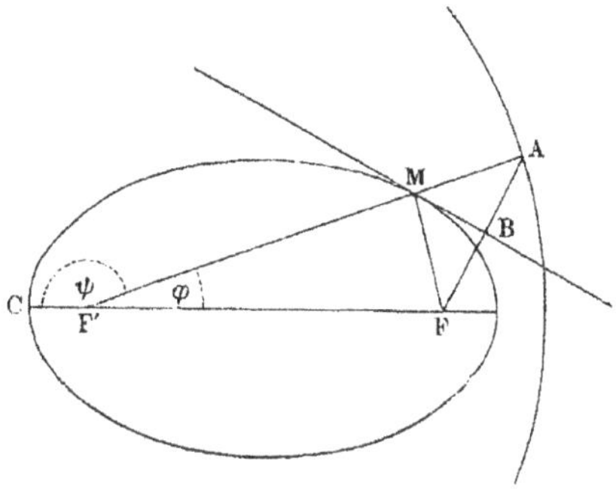

bezeichnet. Man beschreibe um F' einen Kreis, dessen Halbmesser der grossen Achse gleich ist. A sei irgend ein Punkt dieses Kreises. Zieht man die Linie FA, so ist die in der Mitte von B auf AF errichtete Senkrechte eine Tangente an die Ellipse und M ist ihr Berührungspunkt.

Im Dreieck $F'AF$ hat man:

$$\overline{FA}^2 = \overline{F'A}^2 + \overline{F'F}^2 - 2\,\overline{F'A}\,.\,\overline{F'F}\,.\cos\varphi.$$

Bezeichnet man FB mit q, so hat man, weil ausserdem $F'A = 2a$ und $F'F = 2a\varepsilon$,

$$q^2 = a^2(1+\varepsilon^2) - 2\,a^2\varepsilon\cos\varphi,$$

7) $$\cos\varphi = \frac{a^2(1+\varepsilon^2) - q^2}{2\,a^2\varepsilon}.$$

Die Polargleichung der Ellipse für F' als Pol ist, wenn der Radius vector $F'M$ mit ϱ und der Winkel $CF'M$ mit ψ bezeichnet wird:

$$\varrho = \frac{a(1-\varepsilon^2)}{1+\varepsilon\cos\psi}$$

oder weil $\varphi = 180 - \psi$

$$\varrho = \frac{a(1-\varepsilon^2)}{1-\varepsilon\cos\varphi}$$

und daraus:

$$\cos\varphi = \frac{\varrho - a(1-\varepsilon^2)}{\varrho\,\varepsilon}.$$

Setzt man hier für ϱ den Werth $2a - r$, worin r den Radius vector FM bedeutet, so geht die letzte Gleichung über in

$$8)\qquad \cos\varphi = \frac{a(1+\varepsilon^2) - r}{(2a - r)\varepsilon}.$$

Setzt man die Werthe von $\cos\varphi$ aus 7) und 8) einander gleich, so erhält man durch eine kleine Reduction die Gleichung:

$$9)\qquad 1 = \frac{2a}{r} - \frac{a^2(1-\varepsilon^2)}{q^2}.$$

Hierin bedeutet r den Radius vector des Punktes M und q die von F auf die Tangente in M gefällte Senkrechte. Bestimmt man nun a und ε den beiden Gleichungen

$$10)\qquad \alpha' = \frac{k}{2a},$$

$$\frac{\beta^2}{2\alpha'} = a^2(1-\varepsilon^2) \quad \text{oder}$$

$$11)\qquad \beta = \sqrt{ka(1-\varepsilon^2)}$$

gemäss, so geht die Gleichung 9) über in 5a).

Aus 9) und 10) erhält man:

$$12)\qquad 2a = \frac{k}{\alpha'},$$

$$13)\qquad \varepsilon^2 = 1 - \frac{\beta^2}{ka} = 1 - \frac{2\beta^2 . \alpha'}{k^2}.$$

Hiermit ist die Behauptung 1) erwiesen, nämlich:

Jede Ellipse, welche O, Fig. 37, zum Brennpunkte hat und deren grosse Achse und Excentricität durch die Gleichungen 12) und 13) bestimmt werden, genügt der Gleichung 5a).

Um aber die Behauptung 2) zu beweisen, müssen wir zuerst die Ausdrücke a) und b) durch die Gleichungen 12) und 13) umwandeln.

$$\frac{k \pm \sqrt{k^2 - 2\beta^2\alpha'}}{2\alpha'} = \frac{k}{2\alpha'} \pm \frac{k}{2\alpha'} \cdot \sqrt{1 - \frac{2\beta^2\alpha'}{k^2}}$$
$$= a \pm a . \varepsilon.$$

Die beiden Werthe, zwischen welchen der Werth von $OA = r$ liegen muss, sind also die Entfernungen $a(1+\varepsilon)$ und $a(1-\varepsilon)$ der beiden Scheitelpunkte unserer Ellipsen.

Sind nun S und S' die beiden Scheitelpunkte einer solchen Ellipse und ist der Punkt A gegeben, dessen Entfernung vom Brennpunkte O der Ellipse kleiner ist als OS' und grösser als OS, so schneidet ein mit dem Radius OA um O beschriebener

Kreis die Ellipse in zwei Punkten B und C (es geht dies ja schon aus der in 1 angegebenen Construction der Ellipse hervor), und wenn man die Ellipse so dreht, dass das eine Mal B, das andere Mal C nach A zu liegen kommt, so hat man die bei den Ellipsen, welche durch den Punkt A gehen.

Hiermit ist also die Identität der Curven C_1 und C_2 mit den genannten Ellipsen dargethan und zugleich bewiesen, dass die Bahn des Punktes M_0 eine solche Ellipse ist.

Es ist nur noch ein Umstand zu besprechen, nämlich die Bedingung

$$k^2 - 2\beta^2\alpha' > 0,$$

welche erfüllt sein muss, damit die Ausdrücke a) und b) reell werden.

Da

$$\varepsilon^2 = 1 - \frac{2\beta^2\alpha'}{k^2} = \frac{k^2 - 2\beta^2\alpha'}{k^2},$$

so ist diese Bedingung identisch damit, dass ε^2 positiv sein muss (oder 0).

Wir wollen nun zeigen, dass diese Bedingung von selbst erfüllt ist, sobald man einen Ort M_0 des Planeten und die Geschwindigkeit v_0 in diesem Punkte kennt (Fig. 41 a. f. S.).

Es gelten die Gleichungen

$$v_0 \cdot q_0 = \beta^2$$

$$\frac{v_0^2}{2} = \frac{k}{r_0} - \alpha',$$

$$k^2 - 2\beta^2\alpha' = k^2 - \left(\frac{k}{r_0} - \frac{v_0^2}{2}\right) \cdot 2 v_0^2 q_0^2$$

und die Ungleichung:

$$k^2 - \left(\frac{k}{r_0} - \frac{v_0^2}{2}\right) \cdot 2 v_0^2 q_0^2 > 0.$$

Diese ist gewiss erfüllt, wenn sie auch besteht, sobald man q_0 durch das grössere r_0^2 ersetzt.

Dann heisst die Ungleichung:

$$\frac{v_0^4 r_0^2}{k^2} - \frac{2 v_0^2 r_0}{k} + 1 = \left(\frac{v_0^2 r_0}{k} - 1\right)^2 > 0.$$

Diese letztere und somit auch die erstere sind aber immer erfüllt.

Man sieht hieraus auch, dass ε^2 nur Null werden kann, wenn $p_0 = r_0$ ist und zugleich:

$$\frac{v_0^2 r_0}{k} = 1,$$

$$\frac{v_0^2}{r_0} = \frac{k}{r_0^2},$$

das heisst, wenn die Geschwindigkeit senkrecht auf dem Radius vector steht und die anziehende Kraft gleich der Centripetalkraft $\frac{v_0^2}{r_0}$ ist. Weil dann $\varepsilon = 0$ ist, so ist die beschriebene Bahn ein Kreis, der gleichförmig durchlaufen wird.

27 **Hyperbolische Bahnen.** Es soll nun noch kurz der Fall besprochen werden, in welchem α grösser als 0 ist.

Die Gleichung zwischen dem Radius vector des bewegten Punktes und der von dem anziehenden Mittelpunkte O auf die Geschwindigkeit gefällten Senkrechten heisst dann

1) $$\frac{\beta^2}{2q^2} - \frac{k}{r} = \alpha.$$

Durch jeden Punkt A der Ebene, welcher gewissen Bedingungen genügt, lassen sich nun zwei Curven C_1 und C_2 legen, welche der Gleichung 1) genügen. Der Beweis wird gerade so geführt, wie der analoge für $\alpha = 0$ und $\alpha < 0$.

Die Bedingung für den Punkt A besteht darin, dass die Entfernung $OA = r$ desselben von O zwischen den Grenzen

a) $$r = \frac{k + \sqrt{k^2 + 2\beta^2\alpha}}{2\alpha}$$

und

b) $$r = \frac{k - \sqrt{k^2 + 2\beta^2\alpha}}{2\alpha}$$

eingeschlossen sei.

Fig. 41.

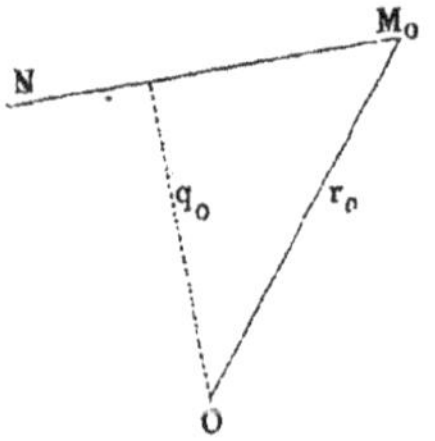

Auch durch den Ort M_0, Fig. 41, welchen der bewegte Punkt zu einer gewissen Zeit einnimmt, gehen zwei solche Curven und die eine davon berührt die Richtung $M_0 N_0$ der Geschwindigkeit — sie ist die Bahn des Punktes M.

Man denke sich nun eine Hyperbel, von welcher ein Brennpunkt in O liegt. Die grosse Achse derselben sei $2a$ und die Excentricität ε. ε ist hier eine Zahl, welche grösser als 1 ist.

Der Radius vector r eines Hyperbelpunktes ist dann an die von O auf die Tangente in demselben Punkte gefällte Normale q durch die Gleichung

$$2)\qquad \frac{-a^2(1-\varepsilon^2)}{q^2} - \frac{2a}{r} = 1$$

gebunden. Diese Gleichung erhält man aus 9) in 26, indem man für r $(-r)$ schreibt. Der ganze Unterschied in der Ableitung der beiden Gleichungen besteht auch nur darin, dass statt der Substitution $\varrho = 2a - r$ die andere $\varrho = 2a + r$ gemacht werden muss.

Die Gleichungen 1) und 2) stimmen überein, sobald man a und ε den Gleichungen

$$3)\qquad \frac{k}{\alpha} = 2a$$

und

$$-a^2(1-\varepsilon^2) = \frac{\beta^2}{2\alpha}$$

oder

$$4)\qquad a^2(\varepsilon^2 - 1) = \frac{\beta^2}{2\alpha}$$

gemäss bestimmt.

Nach α und β aufgelöst lauten diese Gleichungen:

$$\alpha = \frac{k}{2a},$$

$$\beta^2 = ka(\varepsilon^2 - 1).$$

Nach a und ε aufgelöst dagegen

$$5)\qquad a = \frac{k}{2\alpha},$$

$$6)\qquad \varepsilon = \sqrt{1 + \frac{\beta^2}{k.a}}.$$

Die Werthe a) und b) von r lauten nun in a und ε ausgedrückt

$$r = a + \varepsilon,$$

$$r = a - \varepsilon.$$

Nun ist klar, dass wenn die Entfernung $r = OA$ eines Punktes A zwischen diesen Grenzen gelegen ist, durch diesen Punkt zwei Hyperbeln gelegt werden können, deren grosse Achse a und deren Excentricität ε ist. Daraus folgt aber, dass die Curven C_1 und C_2 und somit auch die Bahn des Punktes M solche Hyperbeln sind.

28 **Bedingungen für die verschiedenen Formen der Bahn.** Die Dimensionen der Himmelskörper sind im Verhältniss zu ihren Entfernungen von einander so klein, dass dieselben als materielle Punkte betrachtet werden können.

Wäre ein dem Sonnensystem angehöriger Himmelskörper, dessen Masse mit m bezeichnet werden soll, nur der Einwirkung der Sonne unterworfen (ihre Masse sei M), so würde, wenn die Entfernung beider mit r bezeichnet wird, auf jeden der beiden Körper nach dem Newton'schen Anziehungsgesetze die Kraft $\frac{\mu . m . M}{r^2}$ wirken. Die Sonne erhielte also eine Beschleunigung $\frac{\mu m}{r^2}$ und der andere Himmelskörper eine Beschleunigung $\frac{\mu . M}{r^2}$. Nun ist aber die Masse der Planeten und Cometen so klein gegen die Masse der Sonne, dass die Beschleunigung $\frac{\mu m}{r^2}$ der Sonne gegen diejenige des andern Körpers nicht in Betracht kommt.

Man kann also sagen: die Bewegung eines dem Sonnensystem angehörigen Körpers gegen die Sonne geschieht mit der Beschleunigung $\frac{\mu M}{r^2}$, wo μ die Kraft ist, mit welcher sich zwei Masseneinheiten in der Entfernung 1 anziehen, während M die Masse der Sonne und r die Entfernung von der Sonne und dem Himmelskörper bezeichnet.

Unsere bisherigen Resultate sind also hierauf anwendbar, wenn man für die Beschleunigung k in unseren früheren Formeln μM setzt.

Die dem Sonnensystem angehörigen Himmelskörper können also Ellipsen, Parabeln und Hyperbeln um die Sonne beschreiben, je nachdem die Constante α negativ, Null oder positiv ist.

Ist aber M_0, Fig. 42, der Ort, in welchem sich der Himmelskörper in einem bestimmten Moment befindet, O der Ort der Sonne, v_0 die nach $M_0 N$ gerichtete Geschwindigkeit des Körpers in M_0 und r_0 der Radius vector, so hat α den Werth:

$$\alpha = \frac{v_0^2}{2} - \frac{k}{r_0}$$

$$= \frac{v_0^2}{2} - \frac{\mu M}{r_0}.$$

Die Bahn ist also eine Ellipse, Parabel oder Hyperbel, je nachdem

$$\frac{v_0^2}{2} < \frac{\mu M}{r_0}$$

$$\frac{v_0^2}{2} = \frac{\mu M}{r_0}$$

$$\frac{v_0^2}{2} > \frac{\mu M}{r_0}.$$

Fig. 42.

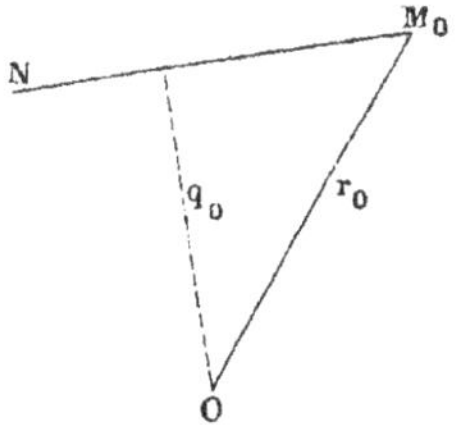

Von dem Winkel ω zwischen der Geschwindigkeit und dem Radius vector hängt es nicht ab, welche Art der drei Kegelschnitte der Körper beschreibt.

Dagegen hängt von diesem Winkel die Excentricität ab, denn man hat

$$\beta = v_0 r_0 \sin\omega = \sqrt{ka(1-\varepsilon^2)}.$$

Den Fall, wo die Excentricität der Ellipse 0 wird, haben wir schon früher erörtert.

Die Planeten gehören zu denjenigen Körpern des Sonnensystems, welche sich in Ellipsen bewegen (erstes Kepler'sches Gesetz).

Die Cometen bewegen sich in Ellipsen mit sehr grossen Achsen oder in Parabeln.

Himmelskörper mit hyperbolischer Bahn hat man noch nicht nachgewiesen. Es ist überhaupt schwer zu sagen, ob die Bahn eines Himmelskörpers, der sich in den unendlichen Raum entfernt, eine Parabel oder Hyperbel ist, da der Theil der Curve, welcher beobachtet werden kann, nur einen kleinen Theil um den Scheitelpunkt herum ausmacht und die Massen dieser Körper so gering sind, dass die einzelnen Planeten beträchtliche Störungen in ihrem Laufe hervorbringen.

Nachdem wir nun die Bahnen der Planeten und Cometen untersucht haben, kommt es darauf an, das Gesetz anzugeben, nach welchem sich dieselben auf ihren Bahnen bewegen.

Wir machen den Anfang mit dem der Bewegung der Planeten auf der parabolischen Bahn.

29 **Bewegung der Cometen auf ihrer Bahn.** Die Geschwindigkeit des Cometen in einem bestimmten Punkte der Bahn ist durch die Gleichung:

$$v^2 = \frac{2k}{r}$$

gegeben. In Worten:

Die Quadrate der Geschwindigkeiten verhalten sich umgekehrt wie die Leitstrahlen.

Die grösste Geschwindigkeit $\frac{2k}{\beta}$ hat derselbe in dem Scheitelpunkt der Parabel, welcher das Perihel heisst.

Um die Abhängigkeit der Zeit und des Ortes, den der bewegte Punkt auf der Parabel einnimmt, zu untersuchen, gehen wir auf das Gesetz der Erhaltung der Flächenräume zurück.

Multiplicirt man die beiden Seiten der Gleichung $v \,.\, q = \beta$ mit $\frac{\tau}{2}$, wo τ einen sehr kleinen Zeittheil bedeutet, so hat man:

$$\frac{v \,.\, \tau \,.\, q}{2} = \frac{\beta}{2} \cdot \tau.$$

Die linke Seite dieser Gleichung ist nach (21) der Inhalt des kleinen Sectors (Dreiecks), welches der Radius vector in der Zeit τ durchstreicht.

In einer endlichen Zeit t, welche aus n solchen Zeittheilchen τ besteht, wird daher vom Radius vector der Flächenraum

$$n\left(\frac{\beta}{2} \cdot \tau\right) = \frac{\beta}{2} \cdot t$$

durchstrichen.

Für β haben wir aber nach 25 den Werth $\sqrt{kp}$, folglich wird in der Zeit t vom Radius vector der Flächenraum

$$1) \qquad F = \frac{\sqrt{kp}}{2} \cdot t$$

durchstrichen.

Wenn wir nun bei der Untersuchung der Bewegung den Moment, in welchem der Punkt M durch den Scheitel der Parabel geht, zum Anfangspunkte der Zeit nehmen und uns denken, der bewegte Punkt sei in der Zeit t vom Scheitel nach M gekommen

Fig. 43.

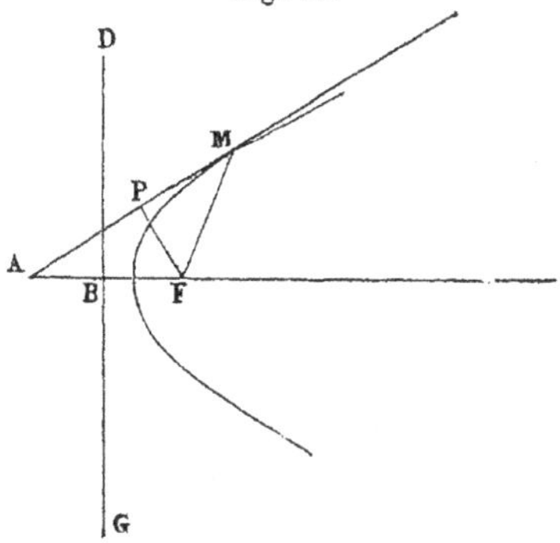

(Fig. 43), so haben wir für den Flächeninhalt des Sectors einmal den Werth 1), dann aber aus 12 einen durch den Radius vector $FM = r$ allein dargestellten Ausdruck

$$\frac{\sqrt{p.(2r-p)}}{3} \cdot \frac{p+r}{2}.$$

Setzt man die beiden Ausdrücke gleich, so ergiebt sich

$$t = \frac{(r+p)\sqrt{2r-p}}{3\sqrt{k}},$$

eine Gleichung zwischen dem Radius vector und der Zeit.

Bewegung der Planeten auf ihrer Bahn. Drittes 30
Kepler'sches Gesetz. Die Ellipse SMS', Fig. 44, sei die Bahn

Fig. 44.

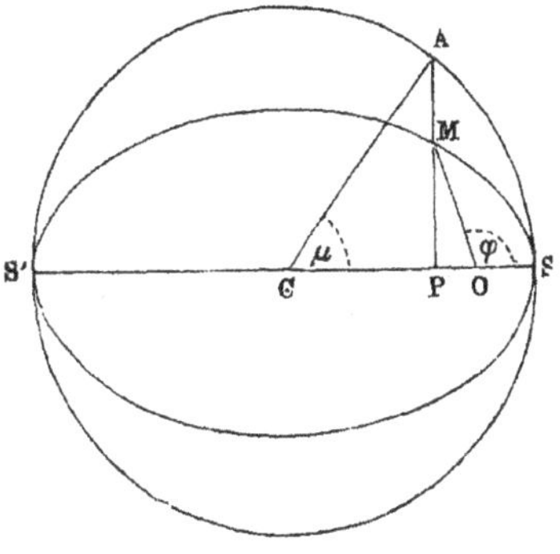

eines Planeten. In dem Brennpunkte O befinde sich die Sonne. Die Scheitelpunkte S und S' der grossen Achse werden mit den Namen Perihel und Aphel bezeichnet.

Im Perihel hat der Planet die kleinste Entfernung $a(1-\varepsilon)$ von der Sonne, im Aphel die grösste $a(1+\varepsilon)$ und an den Endpunkten der kleinen Achse die Entfernung a, welche auch die mittlere Entfernung genannt wird, weil sie das Mittel zwischen der kleinsten und grössten Entfernung ist.

Die unbegränzte Gerade, in welche die grosse Achse fällt, heisst die Apsidenlinie. M sei der Ort des Planeten in einem bestimmten Augenblicke. Der Winkel $\varphi = SOM$ wird dann die wahre Anomalie des Planeten genannt. Verlängert man die Senkrechte MP bis sie in A den Kreis SAS' schneidet, welcher über der grossen Achse als Durchmesser beschrieben ist, und verbindet man A mit dem Mittelpunkte C der Ellipse, so hängt der Winkel $u = SCA$ mit φ durch die Gleichung

$$tang\,\frac{\varphi}{2} = \sqrt{\frac{1-e}{1+e}}\,tang\,\frac{u}{2}$$

zusammen (6).

Der Winkel u wird die excentrische Anomalie des Planeten genannt.

Zwischen diesem Winkel u, welcher zur Lage M des Planeten gehört, und der Zeit, welche der Planet brauchte, um vom Perihel S nach M zu gelangen, wollen wir nun eine Gleichung aufstellen.

In der Zeit t nach dem Durchgang des Planeten durch das Perihel (wie überhaupt in jeder Zeit t) hat der Radius vector den Flächenraum $\frac{\beta}{2}\cdot\tau$ durchstrichen.

Dieser Flächenraum ist aber der des Sectors SOM, welcher nach 7 die Grösse

$$\frac{a^2\sqrt{1-\varepsilon^2}}{2}\,(u-\varepsilon\,sin u)$$

hat. Setzen wir die beiden Werthe dieses Flächeninhaltes einander gleich und führen wir zugleich für β seinen Werth $\sqrt{ak(1-\varepsilon^2)}$ ein, so kommt

$$t = \sqrt{\frac{a^3}{k}}\,(u-\varepsilon\,sin u)$$

1) $$nt = u - \varepsilon\,sin u,$$

2) $$n = \sqrt{\frac{k}{a^3}} = \sqrt{\frac{\mu M}{a^3}}.$$

Die ganze Umlaufszeit des Planeten findet man, wenn $u = 2\pi$ gesetzt wird,

3) $$nT = 2\pi,$$

4) $$T = \frac{2\pi}{n} = 2\pi\sqrt{\frac{a^3}{\mu M}}.$$

Denkt man sich einen Punkt auf dem Kreise SAS' so in Bewegung, dass sein Radius vector in der Zeiteinheit den Winkel (in Theilen von 2π ausgedrückt) n beschreibt, so wird dieser Punkt in der Zeit T um den ganzen Kreis herumgelaufen sein.

Der Winkel nt, welchen der Radius vector des gedachten Punktes in derselben Zeit durchstreicht, in welcher der Planet nach M gelangt ist, heisst die mittlere Anomalie des Planeten.

Erhebt man die Gleichung 4) ins Quadrat, so erhält man

$$T^2 = 4\pi^2 \frac{a^3}{\mu M}.$$

Das heisst:

Die Quadrate der Umlaufszeiten von verschiedenen Planeten verhalten sich wie die dritten Potenzen ihrer mittleren Entfernungen von der Sonne. Dies ist das dritte Kepler'sche Gesetz.

Doch ist es nur dann erlaubt, aus obiger Gleichung diesen Satz zu schliessen, wenn der Factor $\frac{4\pi}{\mu M}$ für alle Planeten der gleiche ist, das heisst, wenn μ sich gleichbleibt.

Und umgekehrt hat man aus dem Umstande, dass dieses dritte Kepler'sche Gesetz bei der Planetenbewegung gültig ist, geschlossen, dass unter allen Umständen zwei Körper von der Masse 1 in der Entfernung 1 von einander sich mit der gleichen Kraft μ anziehen, es mögen nun diese Körper aus irgend welchem im Sonnensystem vorkommenden Stoffe bestehen.

Angenäherte Gleichungen. Aus der Gleichung 31

1) $$nt = u - \varepsilon \sin u$$

kann man u als Function von t bestimmen, wenn ε so klein ist, dass man die 2te Potenz dieser Zahl als verschwindend annehmen kann, was bei den meisten Planeten der Fall ist.

Bei der Erde zum Beispiel ist

$$\varepsilon = 0{,}01685\ldots$$

Aus 1) hat man

$$\begin{aligned} u &= nt + \varepsilon \sin(nt + \varepsilon \sin u) \\ &= nt + \varepsilon \sin nt \,.\, \cos(\varepsilon \sin u) + \varepsilon \cos nt \,.\, \sin(\varepsilon \sin u). \end{aligned}$$

Weil $\varepsilon \sin u$ ein sehr kleiner Winkel ist, kann man $\cos(\varepsilon \sin u)$ gleich 1 und $\varepsilon \,.\, \sin(\varepsilon \sin u)$ gleich Null setzen, so dass noch bleibt

$$u = nt + \varepsilon \sin nt, \tag{2}$$

welche Gleichung die excentrische Anomalie durch die mittlere ausdrückt.

Benutzt man die Gleichung 3) in 6

$$r = a\,(1 - \varepsilon \cos u),$$

so erhält man

$$r = a - a\varepsilon\,\{\cos nt \,.\, \cos(\varepsilon \sin nt) - \sin nt \,.\, \sin(\varepsilon \sin nt)\},$$

und indem man setzt:

$$\cos(\varepsilon \sin nt) = 1$$

$$\varepsilon \sin(\varepsilon \sin nt) = 0:$$

$$r = a(1 - \varepsilon \cos nt). \tag{3}$$

Um auch noch die wahre Anomalie als Function der Zeit durch eine bequeme angenäherte Formel auszudrücken, gehen wir noch einmal auf die Berechnung des Sectors SOM der Ellipse zurück, indem wir jetzt annehmen, dass die Excentricität eine so kleine Zahl sei, dass man für die Ellipse einen Kreis mit dem Radius a substituiren kann, in welchem sich die Sonne auf dem Radius CS in dem um $CO = \varepsilon \,.\, a$ von C entfernten Punkte O befindet (Fig. 45); für diesen Fall muss man also $OM = a$ setzen.

Fig. 45.

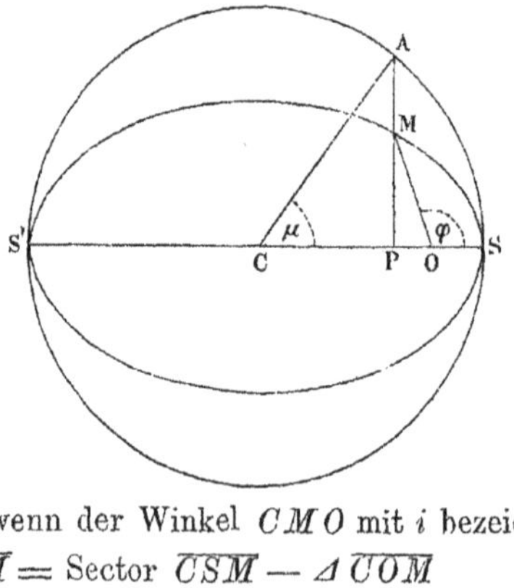

Dann ist, wenn der Winkel CMO mit i bezeichnet wird:

$$\text{Sector } \overline{OSM} = \text{Sector } \overline{CSM} - \Delta\, \overline{COM}$$

$$= \frac{a^2(\varphi - i)}{2} - \frac{a^2\varepsilon(\sin\varphi \cos i - \cos\varphi \sin i)}{2}.$$

Nun ist

$$\Delta\, \overline{CMO} = ar \cdot sin i = a \cdot r \cdot \varepsilon \cdot sin \varphi,$$
$$sin i = \varepsilon\, sin \varphi.$$

Da *sin i* eine sehr kleine Grösse ist, so kann *i* selbst für *sin i* gesetzt werden (die Winkel werden in Theilen von 2π ausgedrückt gedacht). Also hat man

$$i = \varepsilon\, sin \varphi.$$

Unter der nämlichen Bedingung kann man aber auch $cos i = 1$ setzen. Daher

$$\overline{OSM} = \frac{a^2(\varphi - \varepsilon\, sin \varphi)}{2} - \frac{a^2 \varepsilon\, (sin \varphi - \varepsilon\, sin \varphi \cdot cos \varphi)}{2}$$
$$= \frac{a^2(\varphi - 2\,\varepsilon\, sin \varphi)}{2},$$

wenn man noch das Glied mit ε^2 vernachlässigt.

Setzen wir nun wieder

$$\frac{a^2(\varphi - 2\,\varepsilon\, sin \varphi)}{2} = \frac{\beta}{2} \cdot t = \frac{\sqrt{k \cdot a\,(1 - \varepsilon^2)}}{2} \cdot t,$$

oder weil ε^2 vernachlässigt werden darf,

$$a^2(\varphi - 2\,\varepsilon\, sin \varphi) = \sqrt{ka}\; t,$$

so erhält man

4) $$nt = \varphi - 2\,\varepsilon\, sin \varphi.$$

Daraus:

$$\varphi = nt + 2\,\varepsilon\, sin(nt + 2\,\varepsilon\, sin \varphi)$$
$$= nt + 2\,\varepsilon\, \{sin\, nt \cdot cos\,(2\,\varepsilon\, sin \varphi) + cos\, nt\, sin\,(2\,\varepsilon\, sin \varphi)\}$$

und mit den erlaubten Vernachlässigungen:

5) $$\varphi = nt + 2\,\varepsilon \cdot sin\, nt.$$

Wäre $\varepsilon = 0$, so würden die wahre und die mittlere Anomalie einander gleich sein und der Planet würde sich gleichförmig auf seiner Bahn bewegen.

Der Unterschied zwischen der wahren und mittleren Anomalie

$$\varphi - nt = 2\,\varepsilon\, sin\, nt$$

heisst die Mittelpunktsgleichung.

Sie ist positiv, so lange der Radius vector die ersten beiden Quadranten durchläuft, negativ dagegen in den beiden letzten.

Den absolut grössten Werth $\pm 2\,\varepsilon$ erhält sie, wenn sich der

Planet an den Scheiteln der kleinen Achse befindet. Null ist sie dagegen im Perihel und im Aphel.

Stellt man sich wieder den gedachten Punkt vor, welcher gleichförmig sich auf dem Kreise mit dem Radius $CS = a$ bewegt, so ist der Radius vector dieses Punktes hinter dem des Planeten in den ersten beiden Quadranten immer zurück, in den beiden letzten dagegen immer voraus.

Was die Geschwindigkeitsverhältnisse des Planeten in verschiedenen Punkten seiner Bahn betrifft, so ist:

$$\frac{v^2}{2} = \frac{k}{r} - \alpha' = \frac{k}{r} - \frac{k}{2a}$$

$$v^2 = \frac{k}{a} \frac{2a - r}{r}.$$

Das Quadrat der Geschwindigkeit eines Planeten ist umgekehrt dem Abstande derselben von der Sonne und direct seinem Abstande von dem andern Brennpunkte der Ellipse proportional.

Im Perihel ist:

$$v^2 = \frac{k}{a} \cdot \frac{1 + \varepsilon}{1 - \varepsilon},$$

im Aphel:

$$v^2 = \frac{k}{a} \cdot \frac{1 - \varepsilon}{1 + \varepsilon},$$

und in den Enden der kleinen Achse:

$$v^2 = \frac{k}{a}.$$

Berichtigung.

Seite 20, Zeile 19 lies: Parabelsegments anstatt Parabelpunktes.

Made in the USA
Monee, IL
04 November 2026

67388660R10049